KB074505

전기
자기학

공학도를 위한

Electromagnetics

머리말

전기, 전자공학을 전공하는 공학도들을 위하여 전기자기학의 기초적인 주요 개념과 내용들을 간략하고 이해가 잘 되도록 설명하기 위해 노력하였습니다. 전기자기학의 주요 내용들을 예제와 더불어 이해하기 쉽게 구성하였으며, 전기자기학을 공부하는데 필요한 수학 및 물리학의 기초 지식을 알기 쉽게 각 장의 해당부분에서 설명하여 기초적인 배경 지식을 함께 익히면서 공부해 나갈 수 있도록 배려하였습니다. 각 장의 구성은 다음과 같습니다.

제1장 좌표계와 벡터 해석   제2장 전기력과 전기장
제3장 전위와 정전용량   제4장 전류와 전기회로
제5장 자기력과 자기장   제6장 전자유도와 전자기파

전기자기학을 학습하는데 있어서 좌표계와 벡터 해석의 중요성을 특별히 강조하고 싶습니다. 이 부분의 비중을 50% 정도로 보고 각별히 신경 써서 내용을 익히면 전기자기학을 공부하는데 두고두고 도움이 될 것입니다. 또한 이 책에서는 맥스웰 방정식과 이로 부터 그 존재가 예상된 전자기파의 소개까지만 다루고 있습니다. 이 책으로 전기자기학의 기초를 충실히 다지면 전자기파의 전파, 반사 및 회절, 안테나 및 RF 공학, 전자 신소재 과학/공학 등에 대한 맥스웰 방정식의 응용 등의 고급 과정을 공부하는데 작은 디딤돌이 될 것으로 믿습니다.

한번 더 강조하자면 주요 개념들을 설명하는데 있어서 각 개념들이 따로 놀지 않고 서로 꼬리에 꼬리를 물고 연결되어 이해될 수 있도록 세심하게 신경을 썼으며 이 책에서 소개하는 내용들을 이해하고 예제들을 익히면 자연스럽게 전기(산업)기사, 전자(산업)기사 수험을 위한 충실한 준비도 될 수 있을 것입니다.

끝으로 본 교재의 출판을 위해서 노력해 주신 도서출판 磨智院 관계자 여러분께 감사드립니다.

정왕동 연구실에서

차례

차례

공학도를 위한
전기자기학

CHAPTER 01 좌표계와 벡터 해석

1.1 직교 좌표계와 단위 벡터

1 직교 좌표계(Cartesian Coordinate)

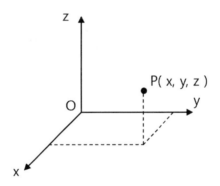

그림과 같이 서로 직교하는 x, y, z 세 직선의 교차점 o를 기준으로 임의의 점 P를 표현할 때 그 점의 x축, y축, z축 성분 (x, y, z)로 표현할 수 있으며 이를 직교 좌표계라 한다.

2 직교 좌표계(Cartesian Coordinate)에서의 단위 벡터

그림과 같이 서로 직교하는 x축, y축, z축으로 이루어진 직교 좌표계에서 크기가 1이고 방향은 각 각 x, y, z가 증가하는 방향을 갖는 벡터를 직교 좌표계에서의 x방향 단위 벡터($\hat{x}$), y방향 단위 벡터($\hat{y}$), z방향 단위 벡터($\hat{z}$)라 한다.

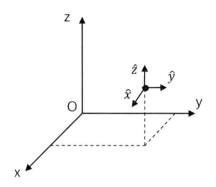

3 직교 좌표계에서의 미소길이 벡터

직교좌표계에서 미소길이 벡터 $\vec{dl}$은 다음과 같이 표현할 수 있다.

$$\vec{dl} = dx\,\hat{x} + dy\,\hat{y} + dz\,\hat{z}$$

위의 미소길이 벡터는 일반적인 표현이며 경우에 따라 하나 또는 두 개의 성분만 가질 수도 있다.

4 직교 좌표계에서의 미소면적 요소, 미소면적 벡터, 미소체적

직교좌표계에서 미소면적 요소는 다음과 같이 표현할 수 있다.

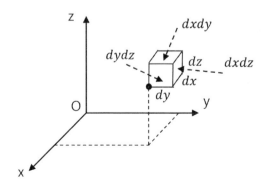

즉 $dxdy$, $dxdz$, $dydz$와 같이 세 개의 미소면적 요소를 생각할 수 있다.

한편 각각의 미소면적 요소를 크기로 갖고 방향은 그 표면에 수직인 두 방향중 하나를 취하는 벡터를 생각할 수 있는데 이것을 미소면적 벡터라 하며 방향은 문제에 따라 적절히 선택하면 된다. 만약 벡터의 방향을 각각 정육면체의 내부에서 외부로 나가는 방향으로 정하면 그림에 보이는 각각의 미소면적 벡터는 다음과 같다.

$$\vec{ds} = \rho d\phi dz\, \hat{\rho}, \quad \vec{ds} = -d\rho dz\, \hat{\phi}, \quad \vec{ds} = \rho d\phi d\rho\, \hat{z}$$

한편 그림에 보이지 않는 부분의 각각의 미소면적 벡터는 다음과 같다.

$$\vec{ds} = -\rho d\phi dz\, \hat{\rho}, \quad \vec{ds} = d\rho dz\, \hat{\phi}, \quad \vec{ds} = -\rho d\phi d\rho\, \hat{z}$$

미소체적은 다음과 같다. $dV = \rho d\phi d\rho dz$

한편 변수 x, y, z들이 취할 수 있는 범위는 각각 $-\infty \leq x \leq \infty$, $-\infty \leq y \leq \infty$, $-\infty \leq z \leq \infty$ 이다.

예제 $0 \leq x \leq l$, $0 \leq y \leq l$, $0 \leq z \leq l$ 인 **육면체의 표면적을 구하라.**

풀이 육면체의 미소면적 요소가 $dydz$, $dxdz$, $dxdy$ 이고 각각 두 개의 동일 면적을 갖는 면을 갖고 있음을 고려한다.

$$2\int_0^l \int_0^l dydz + 2\int_0^l \int_0^l dxdz + 2\int_0^l \int_0^l dxdy = 6l^2$$

예제 $0 \le x \le l$, $0 \le y \le l$, $0 \le z \le l$ 인 육면체의 내부 체적을 구하라.

풀이 육면체의 체적소가 $dx\,dy\,dz$임을 고려하면 내부 체적은 다음과 같다.

$$\int_0^l \int_0^l \int_0^l dx\,dy\,dz = \int_0^l \int_0^l l\,dy\,dz = \int_0^l l^2\,dz = l^3$$

1.2 원통 좌표계와 단위 벡터

1 각도의 Radian 단위 표현과 원호의 길이

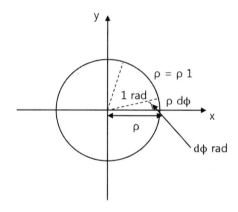

그림과 같이 서로 직교하는 xy 평면과 그 교차점 o를 기준으로 반경 ρ인 원을 생각하자. 교차점을 시점으로 원주 방향으로 반경 ρ 만큼의 원호를 지나는 선분을 생각할 때 그 선분과 양의 방향 x축과 이루는 각을 1 radian(줄여서 보통 rad라고 함)이라한다. 0.5rad에 대한 원주의 길이는 0.5ρ, $d\phi$ rad에 대한 원주의 길이는 $\rho d\phi$가 된다.

2 원통 좌표계(Cylindrical Coordinate)

그림과 같이 서로 직교하는 x, y, z 세 직선의 교차점 o를 기준으로 임의의 점 P를 표현할 때 그 점을 xy 평면에 투영한 점의 길이 ρ, 교차점 o와 그 점으로 이루어진 선분이 x축의 양의 방향과 이루는 각 ϕ, 그 점의 z축 방향 성분으로 표현할 수 있으며 이를 원통 좌표계라 한다.

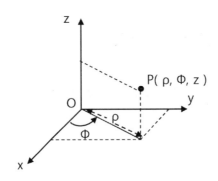

3 원통 좌표계(Cylindrical Coordinate)에서의 단위 벡터

그림과 같은 원통 좌표계에서 교차점 o를 중심으로 하고 점 P를 지나는 원통의 일부를 생각할 때 크기가 1 이고 방향은 각 각 ρ, ϕ, z가 증가하는 방향을 갖는 벡터를 원통 좌표계에서의 ρ방향 단위 벡터($\hat{\rho}$), ϕ방향 단위 벡터($\hat{\phi}$), z방향 단위 벡터($\hat{z}$)라 한다.

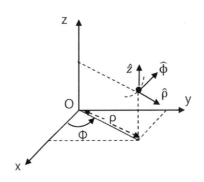

4 원통 좌표계에서의 미소길이 벡터

원통 좌표계에서 미소길이 벡터 $\overrightarrow{dl}$ 은 다음과 같이 표현할 수 있다.

$$\overrightarrow{dl} = d\rho\,\hat{\rho} + \rho\,d\phi\,\hat{\phi} + dz\,\hat{z}$$

위의 미소길이 벡터는 일반적인 표현이며 경우에 따라 하나 또는 두 개의 성분만 가질 수도 있다.

5 원통 좌표계에서의 미소면적 요소, 미소면적 벡터, 미소체적

원통 좌표계에서 미소면적 요소는 다음과 같이 표현할 수 있다.

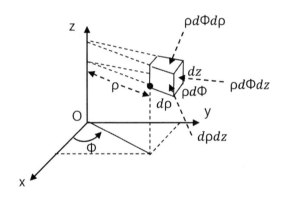

즉 $\rho\,d\phi\,dz$, $d\rho\,dz$, $\rho\,d\phi\,d\rho$ 와 같이 세 개의 미소면적 요소를 생각할 수 있다. 한편 각각의 미소면적 요소를 크기로 갖고 방향은 그 표면에 수직인 두 방향중 하나를 취하는 벡터를 생각할 수 있는데 이것을 미소면적 벡터라 하며 방향은 문제에 따라 적절히 선택하면 된다. 만약 벡터의 방향을 각각 미소 육면체의 내부에서 외부로 나가는 방향으로 정하면 각각의 미소면적 벡터는 다음과 같다.

$$\overrightarrow{ds} = \rho\,d\phi\,dz\,\hat{\rho}, \ \ \overrightarrow{ds} = -\,d\rho\,dz\,\hat{\phi}, \ \ \overrightarrow{ds} = \rho\,d\phi\,d\rho\,\hat{z}$$

한편 그림에 보이지 않는 부분의 각각의 미소면적 벡터는 다음과 같다.

$$\vec{ds} = -\rho \, d\phi \, dz \, \hat{\rho}, \quad \vec{ds} = d\rho \, dz \, \hat{\phi}, \quad \vec{ds} = -\rho \, d\phi \, d\rho \, \hat{z}$$

미소체적은 다음과 같다. $dV = \rho \, d\phi \, d\rho \, dz$

한편 변수 ρ, ϕ, z들이 취할 수 있는 범위는 각각 $0 \leq \rho \leq \infty$, $0 \leq \phi \leq 2\pi$, $-\infty \leq z \leq \infty$ 이다.

예제 반경이 $\rho = R$ 인 원의 원주 길이를 구하라.

풀이 원의 ϕ 방향 미소길이 요소가 $dl = \rho \, d\phi$ 이며 반경이 $\rho = R$ 인 원의 미소 길이 요소는 $dl = R \, d\phi$ 임을 고려한다.

$$\oint_l dl = \int_0^{2\pi} R \, d\phi = 2\pi R$$

위 예제에서 적분 기호 위의 원은 적분 경로 l이 닫혀 있음을 즉, 경로 l에 의하여 그 내부와 외부가 확실히 구분됨을 의미한다.

예제 반경이 $\rho = R$ 이고 $0 \leq z \leq l$ 인 원통형의 표면적을 구하라.

풀이 원통 측면의 면적 : 원통 측면의 미소면적 요소가 $\rho \, d\phi \, dz \, (\rho = R)$ 임을 고려한다.

$$\int_0^{2\pi} \int_0^l R \, d\phi \, dz = \int_0^{2\pi} R l \, d\phi = 2\pi R l$$

원통 위, 아래 뚜껑의 면적 : 원통 뚜껑면의 미소면적 요소가 $\rho \, d\phi \, d\rho$ 임을 고려하여 뚜껑 하나의 면적을 구하여 2배를 취한다.

$$2\int_0^{2\pi}\int_0^R \rho\, d\phi d\rho = 2\int_0^{2\pi}\frac{1}{2}R^2\, d\phi = 2\pi R^2$$

전체 표면적은 다음과 같다.

$$\int_0^{2\pi}\int_0^l Rd\phi dz + 2\int_0^{2\pi}\int_0^R \rho d\phi d\rho = 2\pi Rl + 2\pi R^2$$

예제 반경이 $\rho = R$ 이고 $0 \le z \le l$ 인 원통의 내부 체적을 구하라.

풀이 원통의 체적소가 $\rho d\phi\, d\rho dz$이고 원통이 $0 \le \rho \le R$, $0 \le \phi \le 2\pi$, $0 \le z \le l$ 영역에 존재함을 고려하면 내부 체적은 다음과 같다.

$$\int_0^l\int_0^R\int_0^{2\pi}\rho d\phi d\rho dz = \int_0^l\int_0^R 2\pi\rho d\rho dz = \int_0^l \pi R^2\, dz = \pi R^2 l$$

1.3 구 좌표계와 단위 벡터

1 구 좌표계 (Spherical Coordinate)

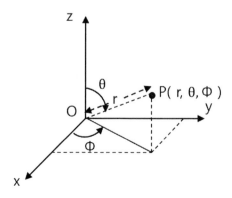

그림과 같이 서로 직교하는 x, y, z 세 직선의 교차점 o를 기준으로 임의의 점 P를 표현할 때 교차점 o에서 그 점으로 연결한 선분의 길이 r, 그 선분을 향 한 z축의 양의 방향으로부터의 각 θ, 그 선분을 xy 평면에 투영한 선분이 x축의 양의 방향과 이루는 각 ϕ로 표현할 수 있으며 이를 구 좌표계라 한다.

❷ 구 좌표계(Spherical Coordinate)에서의 단위 벡터

그림과 같은 구 좌표계에서 교차점 o를 중심으로 하고 점 P를 지나는 구의 일부를 생각할 때 크기가 1 이고 방향은 각 각 r, θ, ϕ가 증가하는 방향을 갖는 벡터를 구 좌표계에서의 r방향 단위 벡터($\hat{r}$), θ방향 단위 벡터($\hat{\theta}$), ϕ방향 단위 벡터($\hat{\phi}$) 라 한다.

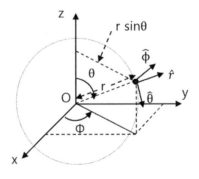

❸ 구 좌표계에서의 미소길이 벡터

구 좌표계에서 미소길이 벡터 $\vec{dl}$ 은 다음과 같이 표현할 수 있다.

$$\vec{dl} = dr\,\hat{r} + r\,d\theta\,\hat{\theta} + r\sin\theta\,d\phi\,\hat{\phi}$$

위의 미소길이 벡터는 일반적인 표현이며 경우에 따라 하나 또는 두 개의 성분만 가질 수도 있다.

4 구 좌표계에서의 미소면적 요소, 미소면적 벡터, 미소체적

구 좌표계에서 미소면적 요소는 다음과 같이 표현할 수 있다.

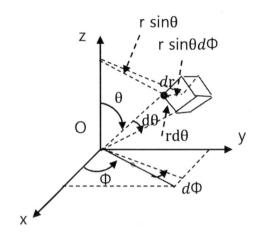

즉 $r\,d\theta\,dr$, $r\sin\theta\,d\phi\,dr$, $r^2\sin\theta\,d\phi\,d\theta$와 같이 세 개의 미소면적 요소를 생각할 수 있다. 한편 각각의 미소면적 요소를 크기로 갖고 방향은 그 표면에 수직인 두 방향중 하나를 취하는 벡터를 생각할 수 있는데 이것을 미소면적 벡터라 하며 방향은 문제에 따라 적절히 선택하면 된다. 만약 벡터의 방향을 각각 미소 육면체의 내부에서 외부로 나가는 방향으로 정하면 각각의 미소 면적 벡터는 다음과 같다.

$$\overrightarrow{ds}=r^2\sin\theta\,d\phi\,d\theta\,\hat{r},\ \ \overrightarrow{ds}=r\sin\theta\,d\phi\,dr\,\hat{\theta},\ \ \overrightarrow{ds}=-\,r\,d\theta\,dr\,\hat{\phi}$$

한편 그림에 보이지 않는 부분의 각각의 미소면적 벡터는 다음과 같다.

$$\overrightarrow{ds}=-\,r^2\sin\theta\,d\phi\,d\theta\,\hat{r},\ \ \overrightarrow{ds}=-\,r\sin\theta\,d\phi\,dr\,\hat{\theta},\ \ \overrightarrow{ds}=r\,d\theta\,dr\,\hat{\phi}$$

미소체적은 다음과 같다. $dV=r^2\sin\theta\,d\phi\,d\theta\,dr$

한편 변수 r,θ,ϕ들이 취할 수 있는 범위는 각각 $0\leq r\leq\infty$, $0\leq\theta\leq\pi$, $0\leq\phi\leq 2\pi$이다.

예제 반경이 $r = R$인 구체의 표면적을 구하라.

풀이 구체의 표면 면적소가 $ds = r^2 \sin\theta\, d\phi\, d\theta$이며 반경이 $r = R$인 구체의 표면 면적소는 $R^2 \sin\theta\, d\phi\, d\theta$임을 고려한다.

$$\oiint_S ds = \int_0^\pi \int_0^{2\pi} R^2 \sin\theta d\phi d\theta = \int_0^\pi 2\pi R^2 \sin\theta d\theta = 4\pi R^2$$

위 예제에서 적분 기호 위의 원은 적분연산이 이루어지는 표면 S가 닫혀 있음을 즉, 표면 S에 의하여 그 내부와 외부가 확실히 구분됨을 의미한다.

예제 반경이 $r = R$인 구체의 내부 체적을 구하라.

풀이 구체의 체적소가 $dv = r^2 \sin\theta\, d\phi\, d\theta\, dr$이고 구체가 $0 \leq r \leq R$, $0 \leq \theta \leq \pi$, $0 \leq \phi \leq 2\pi$ 영역에 존재함을 고려하면 내부 체적은 다음과 같다.

$$\int_0^{2\pi} \int_0^\pi \int_0^R r^2 \sin\theta\, d\phi\, d\theta\, dr = \int_0^{2\pi} \int_0^\pi \frac{1}{3} R^3 \sin\theta\, d\phi\, d\theta$$

$$= \int_0^\pi \frac{2}{3}\pi R^3 \sin\theta\, d\theta = \frac{4}{3}\pi R^3$$

1.4 벡터의 연산

1 벡터의 합과 차

기하학 적인 방법으로는 두 벡터의 합은 하나의 벡터의 종점으로 다른 하나의 벡터의 시점을 이동시켜서 얻을 수 있다. 두 벡터의 차는 빼는 벡터를 방향을 반대로 하여 더하는 방법으로 얻을 수 있다.

산술적인 방법으로는 두 벡터를 구성하는 각각의 단위 벡터들의 요소를 각각 더해 주거나 빼는 방법으로 얻을 수 있다.

예제 두 벡터 $\vec{A}$ 와 $\vec{B}$가 그림과 같이 주어졌을 때 두 벡터의 합($\vec{A} + \vec{B}$)과 차 ($\vec{A} - \vec{B}$)를 기하학 적인 방법으로 구하라.

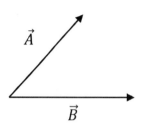

풀이

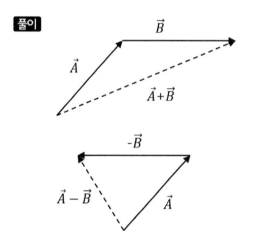

예제 두 벡터가 $\vec{A} = A_x\hat{x} + A_y\hat{y} + A_z\hat{z}$ 와 $\vec{B} = B_x\hat{x} + B_y\hat{y} + B_z\hat{z}$ 와 같이 주어졌을 때 두 벡터의 합($\vec{A} + \vec{B}$)과 차($\vec{A} - \vec{B}$)를 산술적인 방법으로 구하라.

풀이 $\vec{A} + \vec{B} = (A_x + B_x)\hat{x} + (A_y + B_y)\hat{y} + (A_z + B_z)\hat{z}$
$\quad\quad \vec{A} - \vec{B} = (A_x - B_x)\hat{x} + (A_y - B_y)\hat{y} + (A_z - B_z)\hat{z}$

2 스칼라와 벡터의 곱셈

어떤 벡터에 스칼라 a를 곱하면 그 벡터의 크기가 a배 된다. 어떤 벡터 $\vec{A} = A_x\hat{x} + A_y\hat{y} + A_z\hat{z}$에 대하여 그 벡터의 크기는 $A = \sqrt{A_x^2 + A_y^2 + A_z^2}$로 주어지며, 벡터 $\vec{A}$에 그 벡터의 크기(스칼라)의 역수(스칼라) $\dfrac{1}{A}$로 곱해주면 그 결과로서 방향은 벡터 $\vec{A}$와 같고 크기는 1인 벡터 $\vec{A}$의 단위 벡터 $\dfrac{\vec{A}}{A}$가 얻어진다.

3 벡터와 벡터의 곱셈은 어떤 것인가?

스칼라 a와 스칼라 b의 곱셈은 $a \times b$, $a \cdot b$, ab 중에 하나로 표기할 수 있으며 모두 같은 의미를 갖는다.

그러면, 벡터 $\vec{A}$와 $\vec{B}$의 곱셈은 어떻게 생각해야 할까? 벡터는 크기와 방향을 모두 가지는 양이기 때문에 어떻게 곱해야 할지, 곱할 수는 있는 것인지 조금 난감하기도 하다.

여기에서 우리는 벡터의 곱셈으로서 크게 두 가지의 경우를 생각해 볼 수 있다. 하나는 두 벡터의 같은 방향 성분만 추려서 곱해주는 것이고 그 결과는 스칼라로 표시하며 이것을 벡터의 내적(Inner Product)이라 한다. 벡터의 내적은 Dot Product, Scalar Product라고도 한다.

다른 하나는 두 벡터의 서로 수직인 방향 성분만 추려서 곱해주는 것이고 그 결과는 벡터로 표시하며 이것을 벡터의 외적(Outer Product)이라 한다. 벡터의 외적은 Cross Product, Vector Product라고도 한다.

4 벡터의 내적(Dot Product, Scalar Product)

두 벡터 $\vec{A} = A_x\hat{x} + A_y\hat{y} + A_z\hat{z}$ 와 $\vec{B} = B_x\hat{x} + B_y\hat{y} + B_z\hat{z}$ 의 내적은 $\vec{A} \cdot \vec{B}$ 와 같이 표기하며 아래 그림과 같이 $\vec{A} \cdot \vec{B} = AB\cos\theta$ 로 정의된다.

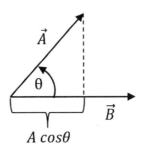

이것은 벡터 $\vec{A}$ 의 성분 중에서 벡터 $\vec{B}$ 방향 성분을 추려서 곱해준 것이다. 한편, 아래 그림과 같이 벡터 $\vec{B}$ 의 성분 중에서 벡터 $\vec{A}$ 방향 성분을 추려서 곱해주어도 결과는 같다.

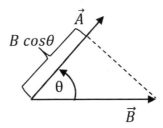

여기에서 다음의 단위 벡터간의 내적연산 결과를 얻을 수 있다.

$$\hat{x} \cdot \hat{x} = \hat{y} \cdot \hat{y} = \hat{z} \cdot \hat{z} = 1 (= 1 \cdot 1 \cos 0)$$
$$\hat{x} \cdot \hat{y} = \hat{y} \cdot \hat{z} = \hat{z} \cdot \hat{x} = 0 (= 1 \cdot 1 \cos\frac{\pi}{2})$$

이 결과로부터 두 벡터 $\vec{A} = A_x\hat{x} + A_y\hat{y} + A_z\hat{z}$ 와 $\vec{B} = B_x\hat{x} + B_y\hat{y} + B_z\hat{z}$ 의 내적은 다음과 같이 얻어진다.

$$\vec{A} \cdot \vec{B} = AB\cos\theta = (A_x\hat{x} + A_y\hat{y} + A_z\hat{z}) \cdot (B_x\hat{x} + B_y\hat{y} + B_z\hat{z})$$
$$= A_x B_x + A_y B_y + A_z B_z$$

또한 벡터의 내적에 대해서 $\vec{A} \cdot \vec{B} = \vec{B} \cdot \vec{A}$ 가 됨을 주목하자.

두 벡터 $\vec{A} = A_x\hat{x} + A_y\hat{y} + A_z\hat{z}$ 와 $\vec{B} = B_x\hat{x} + B_y\hat{y} + B_z\hat{z}$ 의 사이 각 θ 는 다음과 같이 구할 수 있다.

$$\theta = \cos^{-1}\left(\frac{A_x B_x + A_y B_y + A_z B_z}{AB}\right) = \cos^{-1}\left(\frac{A_x B_x + A_y B_y + A_z B_z}{\sqrt{A_x^2 + A_y^2 + A_z^2}\sqrt{B_x^2 + B_y^2 + B_z^2}}\right)$$

5 벡터의 외적(Cross Product, Vector Product)

두 벡터 $\vec{A} = A_x\hat{x} + A_y\hat{y} + A_z\hat{z}$ 와 $\vec{B} = B_x\hat{x} + B_y\hat{y} + B_z\hat{z}$ 의 외적은 $\vec{A} \times \vec{B}$ 와 같이 표기하며 아래 그림과 같이 $\vec{A} \times \vec{B} = AB\sin\theta\,\hat{n}$ 로 정의된다.

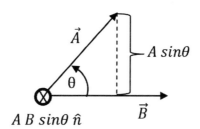

이것은 벡터 $\vec{A}$ 의 성분 중에서 벡터 $\vec{B}$ 방향 성분에 수직인 성분을 추려서 곱해준 것이며 결과 벡터의 방향은 벡터 $\vec{A}$ 에서 벡터 $\vec{B}$ 방향으로 오른 나사를 돌렸을 때 나사의 진행(지면을 뚫고 들어가는)방향으로 정의된다. $\hat{n}$ 은 지면을 뚫고

들어가는 방향을 갖는 단위 벡터이다.

벡터의 내적인 경우와는 달리 벡터의 외적에 대해서는 $\vec{A} \times \vec{B} = -\vec{B} \times \vec{A}$가 됨을 주목하자.

여기에서 다음의 단위 벡터간의 외적연산 결과를 얻을 수 있다.

$$\hat{x} \times \hat{x} = \hat{y} \times \hat{y} = \hat{z} \times \hat{z} = 0$$
$$\hat{x} \times \hat{y} = \hat{z}, \ \hat{y} \times \hat{z} = \hat{x}, \ \hat{z} \times \hat{x} = \hat{y}$$

이 결과로부터 두 벡터 $\vec{A} = A_x\hat{x} + A_y\hat{y} + A_z\hat{z}$와 $\vec{B} = B_x\hat{x} + B_y\hat{y} + B_z\hat{z}$의 외적은 다음과 같이 얻어진다.

$$\vec{A} \times \vec{B} = (A_x\hat{x} + A_y\hat{y} + A_z\hat{z}) \times (B_x\hat{x} + B_y\hat{y} + B_z\hat{z})$$
$$= (A_yB_z - A_zB_y)\hat{x} + (A_zB_x - A_xB_z)\hat{y} + (A_xB_y - A_yB_x)\hat{z}$$

이 결과는 행렬식을 이용하여 다음과 같이 표현할 수 있다.

$$\vec{A} \times \vec{B} = \begin{vmatrix} \hat{x} & \hat{y} & \hat{z} \\ A_x & A_y & A_z \\ B_x & B_y & B_z \end{vmatrix}$$

1.5 스칼라의 기울기와 벡터의 발산, 회전

1 벡터 미분 연산자

직각 좌표계에서 단위 벡터와 그에 상응하는 편미분 연산으로 다음과 같이 벡터 미분 연산자를 정의한다.

$$\nabla = \frac{\partial}{\partial x}\hat{x} + \frac{\partial}{\partial y}\hat{y} + \frac{\partial}{\partial z}\hat{z}$$

이 벡터 미분 연산자를 Hamilton 미분 연산자라고도 하며, 읽을 때는 del 또는 nabla로 읽는다.

참고로 원통 좌표계와 구 좌표계에서의 벡터 미분 연산자를 소개하면 각각 아래와 같다.

$$\nabla = \frac{\partial}{\partial \rho}\hat{\rho} + \frac{1}{\rho}\frac{\partial}{\partial \phi}\hat{\phi} + \frac{\partial}{\partial z}\hat{z}$$

$$\nabla = \frac{\partial}{\partial r}\hat{r} + \frac{1}{r}\frac{\partial}{\partial \theta}\hat{\theta} + \frac{1}{r\sin\theta}\frac{\partial}{\partial \phi}\hat{\phi}$$

2 스칼라 함수의 기울기

임의의 스칼라 함수 $V(x, y, z)$에 Hamilton 미분 연산자를 적용하면, 그 결과는 그 스칼라 함수의 x에 대한 변화율, y에 대한 변화율, z에 대한 변화율을 각각 단위 벡터 $\hat{x}$, $\hat{y}$, $\hat{z}$의 성분으로 갖는 벡터가 아래와 같이 얻어진다. 일반적으로 Gradient $V(x, y, z)$라고 부른다.

$$\nabla V(x, y, z) = \frac{\partial V}{\partial x}\hat{x} + \frac{\partial V}{\partial y}\hat{y} + \frac{\partial V}{\partial z}\hat{z}$$

참고로 원통 좌표계와 구 좌표계에서의 스칼라 함수의 기울기 연산을 소개하면 각각 아래와 같다.

$$\nabla V(\rho, \phi, z) = \frac{\partial V}{\partial \rho}\hat{\rho} + \frac{1}{\rho}\frac{\partial V}{\partial \phi}\hat{\phi} + \frac{\partial V}{\partial z}\hat{z}$$

$$\nabla V(r, \theta, \phi) = \frac{\partial V}{\partial r}\hat{r} + \frac{1}{r}\frac{\partial V}{\partial \theta}\hat{\theta} + \frac{1}{r\sin\theta}\frac{\partial V}{\partial \phi}\hat{\phi}$$

예제 스칼라 함수 $V(x, y, z) = x^2 + y^2 + z^2$에 대하여 Gradient $V(x, y, z)$를 구하라.

풀이 $\nabla V(x, y, z) = \dfrac{\partial V}{\partial x}\hat{x} + \dfrac{\partial V}{\partial y}\hat{y} + \dfrac{\partial V}{\partial z}\hat{z} = 2x\hat{x} + 2y\hat{y} + 2z\hat{z}$

3 벡터의 발산

벡터의 발산 개념을 설명하기에 앞서 아래의 그림을 우선 생각해보자. 작은 체적 $\triangle v$를 가지는 구(Sphere)는 닫힌 표면(Closed Surface) S를 경계로 하여 내부체적과 외부 체적이 분리되어 있다. 구(Sphere)의 닫힌 표면(Closed Surface) S 위의 미소면적 벡터 $\overrightarrow{\triangle s}$(또는 $\overrightarrow{ds}$)는 크기는 $\triangle s$(또는 ds)이고 방향은 구(Sphere)의 중심으로부터 반경방향을 갖는다.

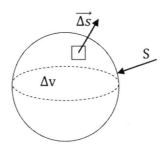

벡터의 발산은 Hamilton 미분 연산자와 임의의 벡터 $\overrightarrow{A}$의 내적 연산으로 표현되며 수학적으로 아래와 같은 관계를 갖는다.

$$\nabla \cdot \overrightarrow{A} = \lim_{\triangle v \to 0} \frac{1}{\triangle v} \oiint_S \overrightarrow{A} \cdot \overrightarrow{ds}$$

여기에서 우리는 벡터의 발산을 나타내는 수식을 유도하고 증명하려는 데에 초점을 두는 것이 아니라 그 수식이 갖는 의미를 파악하고 이해하는데 중점을 두고자 한다.

|주의| 벡터 표기에 있어서 앞으로는 편의상 벡터임이 명백한 경우 $\vec{A}$ 또는 A를 병기하도록 한다.

우선 벡터의 내적 $\vec{A} \cdot \vec{ds}$ 는 벡터 $\vec{A}$의 성분 중에서 구(Sphere)의 중심으로부터 반경방향을 갖는 미소면적 벡터 $\vec{ds}$와 같은 방향을 갖는 성분만 벡터 $\vec{ds}$의 크기와 곱한 것이다. 만약 벡터 $\vec{A}$가 미소면적 벡터 $\vec{ds}$와 같은 방향을 갖는 성분을 갖고 있지 않다면 그 값은 0이 될 것이다.

한편 $\oiint_S \vec{A} \cdot \vec{ds}$ 에서 $\oiint_S$ 는 닫힌 표면(Closed Surface) S 전체 영역에 걸치는 면적 정적분 연산을 의미하며 정적분 연산은 본질적으로 더하기 연산임을 고려한다면 $\oiint_S \vec{A} \cdot \vec{ds}$ 는 벡터 $\vec{A}$의 성분 중에서 구(Sphere)의 중심으로부터 반경방향을 갖는 미소면적 벡터 $\vec{ds}$와 같은 방향을 갖는 성분만 벡터 $\vec{ds}$의 크기와 곱해서 구(Sphere)의 표면 전체에 걸쳐서 더한 총량이 된다.

$\lim_{\triangle v \to 0} \dfrac{1}{\triangle v} \oiint_S \vec{A} \cdot \vec{ds}$ 는 무한히 작아지는($\triangle v \to 0$) 작은 체적 $\triangle v$을 둘러싸는 닫힌 표면(Closed Surface) S 내부에서 외부로 방출되는 단위 체적 당 총 벡터 다발을 의미하게 된다.

따라서 Hamilton 미분 연산자와 임의의 벡터 $\vec{A}$(벡터 다발의 면적밀도의 성질을 갖게 됨)의 내적 연산을 하면, 무한히 작아지는($\triangle v \to 0$) 작은 체적 $\triangle v$을 둘러싸는 닫힌 표면(Closed Surface) S 내부에서 외부로 방출되는 단위 체적 당 총 벡터 다발이 얻어진다. 단위 체적이 무한히 작아지므로 결국 임의의 한 점에서 어떤 벡터가 얼마나 퍼져 나가는지(발산하는지)를 나타내는 것이 된다. 일반적으로 벡터 $\vec{A}$의 발산(Divergence $\vec{A}$)라고 부르고 div $\vec{A}$로도 표기한다. 편의상 벡터임이 명백한 경우 벡터 A의 발산(Divergence A)라고 부르고 div A로 표기하기도 한다.

직교 좌표계, 원통 좌표계와 구 좌표계에서의 발산 연산은 각각 아래와 같다.

$$\nabla \cdot A = \frac{1}{(1 \times 1 \times 1)}[\frac{\partial}{\partial x}(A_x \times 1 \times 1) + \frac{\partial}{\partial y}(1 \times A_y \times 1) + \frac{\partial}{\partial z}(1 \times 1 \times A_z)]$$

$$= \frac{\partial V_x}{\partial x} + \frac{\partial V_y}{\partial y} + \frac{\partial V_z}{\partial z}$$

$$\nabla \cdot A = \frac{1}{(1 \times \rho \times 1)}[\frac{\partial}{\partial \rho}(A_\rho \times \rho \times 1) + \frac{\partial}{\partial \phi}(1 \times A_\phi \times 1) + \frac{\partial}{\partial z}(1 \times \rho \times A_z)]$$

$$= \frac{1}{\rho}[\frac{\partial}{\partial \rho}(\rho A_\rho) + \frac{\partial}{\partial \phi}(A_\phi) + \frac{\partial}{\partial z}(\rho A_z)]$$

$$\nabla \cdot A = \frac{1}{(1 \times r \times r\sin\theta)}[\frac{\partial}{\partial r}(A_r \times r \times r\sin\theta) + \frac{\partial}{\partial \theta}(1 \times A_\theta \times r\sin\theta)$$

$$+ \frac{\partial}{\partial \phi}(1 \times r \times A_\phi)]$$

$$= \frac{1}{(r^2\sin\theta)}[\frac{\partial}{\partial r}(r^2\sin\theta A_r) + \frac{\partial}{\partial \theta}(r\sin\theta A_\theta) + \frac{\partial}{\partial \phi}(rA_\phi)]$$

예제 벡터 $A = 2x\hat{x}$의 발산 div A를 구하라.

풀이 $\nabla \cdot A = (\frac{\partial}{\partial x}\hat{x} + \frac{\partial}{\partial y}\hat{y} + \frac{\partial}{\partial z}\hat{z}) \cdot 2x\hat{x} = 2$

4 벡터의 회전

벡터의 회전 개념을 설명하기에 앞서 아래의 그림을 우선 생각해보자. 작은 면적 $\triangle s$를 가지는 표면(Surface)은 닫힌 경로(Closed Contour) C를 경계로 하여 내부 면적과 외부 면적이 분리되어 있다. 표면(Surface) 위의 미소 면적 $\triangle s$의 경계가 닫힌 경로 C이며 그 회전방향과 단위 벡터 $\hat{n}$의 방향은 오른손 규칙을 따라 정해질 때, 미소면적 벡터 $\overrightarrow{\triangle s}$(또는 $\overrightarrow{ds}$)는 크기는 $\triangle s$(또는 ds)이고 방향은 단위 벡터 $\hat{n}$의 방향을 갖는다.

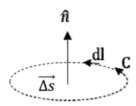

벡터의 회전은 Hamilton 미분 연산자와 임의의 벡터 $\vec{A}$의 외적 연산으로 표현
되며 수학적으로 아래와 같은 관계를 갖는다.

$$\triangledown \times \vec{A} = \lim_{\triangle s \to 0} \frac{1}{\triangle s} \oint_C \vec{A} \cdot \vec{dl}$$

여기에서 우리는 벡터의 회전을 나타내는 수식을 유도하고 증명하려는 데에 초
점을 두는 것이 아니라 그 수식이 갖는 의미를 파악하고 이해하는데 중점을 두고
자 한다.

우선 벡터의 내적 $\vec{A} \cdot \vec{dl}$은 벡터 $\vec{A}$의 성분 중에서 표면(Surface)을 둘러 싼
닫힌 경로(Closed Contour) C 위의 반 시계 회전 방향을 갖는 미소길이 벡터 $\vec{dl}$과
같은 방향을 갖는 성분만 벡터 $\vec{dl}$의 크기와 곱한 것이다. 만약 벡터 $\vec{A}$가 미소길이
벡터 $\vec{dl}$과 같은 방향을 갖는 성분을 갖고 있지 않다면 그 값은 0이 될 것이다.

한편 $\oint_C \vec{A} \cdot \vec{dl}$에서 $\oint_C$는 닫힌 경로(Closed Contour) C 전체에 걸치는 선
(line) 정적분 연산을 의미하며 정적분 연산은 본질적으로 더하기 연산임을 고려
한다면 $\oint_C \vec{A} \cdot \vec{dl}$는 벡터 $\vec{A}$의 성분 중에서 표면(Surface)을 둘러 싼 닫힌 경로
(Closed Contour) C 위의 반 시계 회전 방향을 갖는 미소길이 벡터 $\vec{dl}$과 같은

방향을 갖는 성분만 벡터 $\vec{dl}$의 크기와 곱해서 닫힌 경로(Closed Contour) C 전체에 걸쳐서 더한 총량이 된다.

$\displaystyle\lim_{\triangle s \to 0} \frac{1}{\triangle s} \oint_C \vec{A} \cdot \vec{dl}$ 은 무한히 작아지는($\triangle s \to 0$) 작은 면적 $\triangle s$을 둘러싸는 닫힌 경로(Closed Contour) C 의 반 시계 회전 방향을 갖는 단위 면적 당 총 벡터 총량을 의미하게 된다.

따라서 Hamilton 미분 연산자와 임의의 벡터 $\vec{A}$의 외적 연산을 하면, 무한히 작아지는($\triangle s \to 0$) 작은 면적 $\triangle s$를 둘러싸는 닫힌 경로(Closed Contour) C 주위를 회전하는 단위 면적 당 총 벡터 회전량이 얻어진다. 단위 면적이 무한히 작아지므로 결국 임의의 한 점에서 특정한 방향 $\hat{n}$과 오른나사 법칙(또는 오른손 규칙)으로 정해지는 회전 성분을 구하는 것을 의미한다. 일반적으로 벡터 $\vec{A}$의 회전(Curl $\vec{A}$)라고 한다. 편의상 벡터임이 명백한 경우 벡터 A의 회전(Curl A)라고 부르고 Curl A로 표기하기도 한다.

직교 좌표계, 원통 좌표계와 구 좌표계에서의 회전 연산은 각각 아래와 같다.

$$\nabla \times A = \begin{vmatrix} \dfrac{\hat{x}}{1 \times 1} & \dfrac{\hat{y}}{1 \times 1} & \dfrac{\hat{z}}{1 \times 1} \\ \dfrac{\partial}{\partial x} & \dfrac{\partial}{\partial y} & \dfrac{\partial}{\partial z} \\ 1 \times A_x & 1 \times A_y & 1 \times A_z \end{vmatrix} = \begin{vmatrix} \hat{x} & \hat{y} & \hat{z} \\ \dfrac{\partial}{\partial x} & \dfrac{\partial}{\partial y} & \dfrac{\partial}{\partial z} \\ A_x & A_y & A_z \end{vmatrix}$$

$$\nabla \times A = \begin{vmatrix} \dfrac{\hat{\rho}}{\rho \times 1} & \dfrac{\hat{\phi}}{1 \times 1} & \dfrac{\hat{z}}{1 \times \rho} \\ \dfrac{\partial}{\partial \rho} & \dfrac{\partial}{\partial \phi} & \dfrac{\partial}{\partial z} \\ 1 \times A_\rho & \rho \times A_\phi & 1 \times A_z \end{vmatrix} = \begin{vmatrix} \dfrac{1}{\rho}\hat{\rho} & \hat{\phi} & \dfrac{1}{\rho}\hat{z} \\ \dfrac{\partial}{\partial \rho} & \dfrac{\partial}{\partial \phi} & \dfrac{\partial}{\partial z} \\ A_\rho & \rho A_\phi & A_z \end{vmatrix}$$

$$\nabla \times A = \begin{vmatrix} \dfrac{\hat{r}}{r \times r\sin\theta} & \dfrac{\hat{\theta}}{1 \times r\sin\theta} & \dfrac{\hat{\phi}}{1 \times r} \\[2mm] \dfrac{\partial}{\partial r} & \dfrac{\partial}{\partial \theta} & \dfrac{\partial}{\partial \phi} \\[2mm] 1 \times A_r & r \times A_\theta & r\sin\theta \times A_\phi \end{vmatrix} = \begin{vmatrix} \dfrac{1}{r^2\sin\theta}\hat{r} & \dfrac{1}{r\sin\theta}\hat{\theta} & \dfrac{1}{r}\hat{\phi} \\[2mm] \dfrac{\partial}{\partial r} & \dfrac{\partial}{\partial \theta} & \dfrac{\partial}{\partial \phi} \\[2mm] A_r & rA_\theta & r\sin\theta A_\phi \end{vmatrix}$$

예제 벡터 $A = 2y\hat{x}$의 회전 Curl A를 구하라.

풀이 $\nabla \times A = \begin{vmatrix} \hat{x} & \hat{y} & \hat{z} \\[1mm] \dfrac{\partial}{\partial x} & \dfrac{\partial}{\partial y} & \dfrac{\partial}{\partial z} \\[1mm] A_x & A_y & A_z \end{vmatrix} = \begin{vmatrix} \hat{x} & \hat{y} & \hat{z} \\[1mm] \dfrac{\partial}{\partial x} & \dfrac{\partial}{\partial y} & \dfrac{\partial}{\partial z} \\[1mm] 2y & 0 & 0 \end{vmatrix} = -2\hat{z}$

1.6 발산 정리(가우스 정리)

앞 절에서 설명한 벡터의 발산에 대한 식에서 그 물리적, 기하학적 정의를 미소 체적이 아닌 실제 체적에 적용하여 정리하면 다음과 같다.

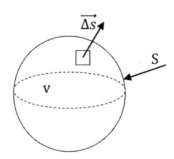

Hamilton 미분 연산자와 임의의 벡터 $\vec{A}$(벡터 다발의 면적밀도의 성질을 갖게 됨)의 내적 연산 $\nabla \cdot \vec{A}$은 무한히 작아지는($\triangle v \rightarrow 0$) 작은 체적 $\triangle v$을 둘러싸는

닫힌 표면(Closed Surface) S 내부에서 외부로 방출되는 단위 체적 당 총 벡터 다발을 의미한다.

따라서 부피 V의 전체 영역에 걸쳐서 체적적분을 하면 닫힌 표면(Closed Surface) S 내부에서 외부로 방출되는 총 벡터 다발이 얻어지며 이것을 발산 정리(Divergence Theorem) 또는 가우스 정리(Gauss' Theorem)라고 한다.

$$\iiint_V (\nabla \cdot \vec{A})\,dv = \oiint_S \vec{A} \cdot \vec{ds}$$

여기서 닫힌 표면 S는 부피 V의 경계를 이루는 표면이다. ds의 방향은 표면 S에 수직이며 부피 V로부터 밖으로 향하는 방향을 취하도록 한다.

발산정리(가우스 정리)를 이용하면 부피적분을 면 적분으로 또는 그 반대로 표현하는 것이 가능하다.

$\nabla \cdot A = 0$인 벡터 즉 발산 성분이 없는 벡터를 비발산 장(Non-Divergent Field) 또는 솔레노이드 장(Solenoid Field)이라 한다.

1.7 　 스토크스 정리

앞 절에서 설명한 벡터의 회전에 대한 식에서 그 물리적, 기하학적 정의를 미소 표면이 아닌 실제 표면에 적용하여 정리하면 다음과 같다.

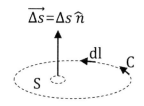

Hamilton 미분 연산자와 임의의 벡터 $\vec{A}$의 외적 연산을 하면, 무한히 작아지는 ($\triangle s \rightarrow 0$) 작은 면적 $\triangle s$를 둘러싸는 닫힌 경로(Closed Contour) C 주위를 회전하는 단위 면적 당 총 벡터 회전량이 얻어진다. 단위 면적이 무한히 작아지므로 결국 임의의 한 점에서 특정한 방향 $\hat{n}$과 오른나사 법칙(또는 오른손 규칙)으로 정해지는 단위 면적 당 총 회전 성분을 구하는 것을 의미한다.

따라서 면적 S의 전체 영역에 걸쳐서 면적적분을 하면 닫힌 경로(Closed Contour) C 주위를 회전하는 총 벡터 회전량이 얻어지며 이것을 스토크스 정리(Stokes' Theorem)라고 한다.

$$\iint_S (\nabla \times \vec{A}) \cdot \, ds = \oint_C \vec{A} \cdot \, \vec{dl}$$

여기서 닫힌 경로 C는 표면 S의 경계를 이루게 된다. ds의 방향은 경로 C의 방향을 고려하여 오른손 규칙을 따라 정해지도록 한다.

스토크스 정리를 이용하면 면 적분을 선 적분으로 또는 그 반대로 표현하는 것이 가능하다.

$\nabla \times A = 0$인 벡터 즉 회전 성분이 없는 벡터를 비회전 장(Curl Free Field) 또는 보존 장(Conservative Field)이라한다.

예제 직각 좌표계에서 $\vec{A} = x\hat{x} + x^2 y\hat{y} + xy\hat{z}$ 라고 할 때 그림과 같이 원점을 하나의 꼭지 점으로 갖고 한 변의 길이가 1인 정사각형 표면 S에서 반시계 방향으로 회전하는 경로 C를 설정하였을 때 스토크스 정리의 좌 우변을 구하여 비교하라.

풀이 그림과 같은 경로 C에서 미소길이 벡터를 구간 1), 2), 3), 4)로 나누어 생각하면 다음과 같다.

1) $\vec{dl} = dx\,\hat{x},$ 2) $\vec{dl} = dy\,\hat{y},$ 3) $\vec{dl} = -\,dx\,\hat{x},$ 4) $\vec{dl} = -\,dy\,\hat{y}$

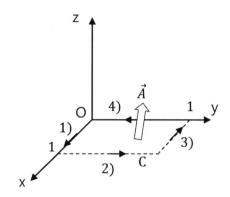

$$\oint_C \vec{A}\cdot\,\vec{dl} = \int_0^1 x\,dx(y=0) + \int_0^1 x^2 y\,dy(x=1)$$

$$+\int_0^1 -x\,dx(y=1) + \int_0^1 -x^2 y\,dy(x=0)$$

$$= \frac{1}{2}(1^2 - 0^2) + \frac{1}{2}(1^2 - 0^2) - \frac{1}{2}(1^2 - 0^2) = \frac{1}{2}$$

한편 $\nabla \times \vec{A} = \begin{vmatrix} \hat{x} & \hat{y} & \hat{z} \\ \dfrac{\partial}{\partial x} & \dfrac{\partial}{\partial y} & \dfrac{\partial}{\partial z} \\ x & x^2 y & xy \end{vmatrix} = (x-0)\hat{x} + (0-y)\hat{y} + (2xy-0)\hat{z}$ 이고

$\vec{ds} = dx\,dy\,\hat{z}$ 이므로

$$\iint_S (\nabla \times \vec{A})\cdot\,\vec{ds} = \int_0^1 \int_0^1 2xy\,dx\,dy = \int_0^1 y\,dy = \frac{1}{2}$$

따라서 $\displaystyle\iint_S (\nabla \times \vec{A})\cdot\,\vec{ds} = \oint_C \vec{A}\cdot\,\vec{dl}$ 임을 알 수 있다.

임의의 벡터 $\vec{F}$를 다음과 같이 비회전적(보존적) 벡터와 비발산적(솔레노이드적) 벡터로 분해할 수 있으며 이것을 헬름홀츠 정리(Helmholtz's Theorem)이라 한다.

$$\vec{F} = -\nabla V + \nabla \times \vec{A}$$

$-\nabla V$는 벡터 $\vec{F}$의 비회전적(보존적) 성분이며, $\nabla \times \vec{A}$는 벡터 $\vec{F}$의 비발산적(솔레노이드적) 성분이다.

이상의 내용을 다음과 같이 정리할 수 있다.

1) 임의의 벡터 $\vec{F}$를 두 부분으로 분해할 수 있으며. 한 부분은 비회전적(보존적) 이고 다른 한 부분은 비발산적(솔레노이드적) 이다.
2) 비회전적(보존적)인 부분은 $\nabla \cdot \vec{F}$으로 정해진다.
3) 비발산적(솔레노이드적)인 부분은 $\nabla \times \vec{F}$으로 정해진다.
4) $\nabla \times \vec{F} = 0$이면 $\vec{F} = -\nabla V$ 이다(정전기장의 경우).
5) $\nabla \cdot \vec{F} = 0$이면 $\vec{F} = \nabla \times \vec{A}$이다(정자기장의 경우).

유용하게 이용되는 벡터 연산 항등식을 다음과 같이 소개한다. 항등식의 양변을 직각좌표 형식으로 정리하여 증명할 수 있으며, 여기에서는 상세한 증명 과정은 생략하고 결과만 참고하도록 하자.

1) $(\vec{A} \times \vec{B}) \cdot \vec{C} = (\vec{B} \times \vec{C}) \cdot \vec{A} = (\vec{C} \times \vec{A}) \cdot \vec{B}$

2) $\vec{A} \times (\vec{B} \times \vec{C}) = (\vec{A} \cdot \vec{C})\vec{B} - (\vec{A} \cdot \vec{B})\vec{C}$

3) $\nabla \cdot (\vec{A} + \vec{B}) = \nabla \cdot \vec{A} + \nabla \cdot \vec{B}$

4) $\nabla (V + W) = \nabla V + \nabla W$

5) $\nabla \times (\vec{A} + \vec{B}) = \nabla \times \vec{A} + \nabla \times \vec{B}$

6) $\nabla (VW) = W \nabla V + V \nabla W$

7) $\nabla \cdot (V\vec{A}) = \vec{A} \cdot \nabla V + V \nabla \cdot \vec{A}$

8) $\nabla \times (V\vec{A}) = (\nabla V) \times \vec{A} + V(\nabla \times \vec{A})$

9) $\nabla \cdot (\vec{A} \times \vec{B}) = \vec{B} \cdot (\nabla \times \vec{A}) - \vec{A} \cdot (\nabla \times \vec{B})$

10) $\nabla (\vec{A} \cdot \vec{B}) = (\vec{A} \cdot \nabla)\vec{B} - (\vec{B} \cdot \nabla)\vec{A} - \vec{A} \times (\nabla \times \vec{B}) - \vec{B} \times (\nabla \times \vec{A})$

11) $\nabla \times (\vec{A} \times \vec{B}) = \vec{A}(\nabla \cdot \vec{B}) - \vec{B}(\nabla \cdot \vec{A}) + (\vec{B} \cdot \nabla)\vec{A} - (\vec{A} \cdot \nabla)\vec{B}$

12) $\nabla \cdot \nabla V = \nabla^2 V$

13) $\nabla \cdot (\nabla \times \vec{A}) = 0$

14) $\nabla \times (\nabla V) = 0$

15) $\nabla \times \nabla \times \vec{A} = \nabla (\nabla \cdot \vec{A}) - \nabla^2 \vec{A}$

공학도를 위한
전기자기학

C·H·A·P·T·E·R **02**

전기력과 전기장

CHAPTER 02 전기력과 전기장

2.1 정전기 현상

1 정전기 현상

오래전부터 사람들은 오늘날 전기와 자기 현상으로 이해되고 있는 미지의 신기한 현상에 대하여 인지하고 있었다. 하지만 구체적으로 언급된 사례는 역사적으로 BC 6세기에 그리스(Greece)의 철학자 탈레스(Thales)가 기록한 내용이 전해진다. 탈레스는 호박(琥珀)을 모피로 문지르면 호박이 다른 물체, 예를 들어 머리카락이나 마른 나뭇잎 등을 잡아당기는 전기 현상을 기술했으며 또한 자철광에서 자연적으로 산출되는 자철석들이 서로 잡아당기거나 밀어내는 자기 현상에 대해서도 기록을 남겼다. 호박(琥珀)을 그리스(Greece) 단어로 Elektron이라고 하는데 이로부터 오늘날의 전자(Electron), 전기(Electricity) 등의 단어가 유래되었음을 주목하자. 물론 당시에는 이러한 현상들에 대한 과학적인 연구가 구체적으로 이루어진 것은 아니었다. 약 2,400여년의 시간이 지난 후 1785년 프랑스의 과학자 쿨롱(Coulomb)으로부터 시작하여 유럽 여러 나라의 학자들인 볼타(Volta), 외스텟(Oersted), 비오(Biot), 사바(Savart), 암페어(Ampere), 패러데이(Faraday), 가우스(Gauss), 웨버(Weber) 등의 학자들로 이어진 연구의 결과들을 1878년 영국의 과학자 James Clerk Maxwell(1831~1879)이 정리하여 Maxwell 방정식을 완성하였으며 이로부터 전자기 파동 방정식을 완성하는 결정적인 기여를 하였다. 이것은 빛이 전자파라는 사실의 확인 즉, 빛의 속성 규명으로 이어져 오늘날의 정보통신 문명을 이루는 초석을 놓았다. 아인슈타인(Einstein)은 맥스웰의 업적에 대하여 "맥스웰에 의해 과학의 한 시대(고전 물리학)가 끝나고 (현대 물리학의) 새로운 한 시대가 시작되었다"고 말 하였다.

2.2 전하의 성질

1 대전

물질이 전기를 띠게 되는 현상을 대전이라고 한다.

전기를 띤 물체를 대전체라고 하며, 대전된 물체 사이에 작용하는 힘을 전기력이라고 한다.

극성이 서로 다른 전하 간에는 서로 끌어당기는 힘(인력)이 작용하며 서로 같은 전하 간에는 서로 밀어내는 힘(척력)이 작용한다.

2 전하의 원인

원자의 구조를 간단히 설명하면 다음과 같이 중심에는 + 전하를 띤 원자핵이 있고, 그 주위에는 − 전하를 띠는 전자들이 에너지 상태에 따라 고유한 준위를 차지하고 존재한다.

과학적으로 알려져 있는 원자의 크기는 $10^{-10}[m]$ 정도이며 핵의 크기는 그 보다 매우 작아서 $10^{-15}[m]$ 정도이다.

양성자의 질량(m_p)과 중성자의 질량(m_n)은 각 각 다음과 같다.

$$m_p = m_n \approx 1.7 \times 10^{-27}[kg]$$

전자의 질량(m_e)은 다음과 같이 중성자(양성자)의 질량보다 매우 작다.

$$m_e = m_p/1,800 = 9.1 \times 10^{-31} \, [kg]$$

물질이 전하를 띄게 되는 원인은 다음과 같이 생각할 수 있다.

전기를 띄지 않는 전기적 중성 물질의 경우 (+)전기와 (−)전기를 띤 입자의 수가 같아서 전체적으로 전기를 띠지 않는 것으로 보인다. 그러나 두 물체를 마찰할 때, 전자를 잃기 쉬운 성질을 가진 물질을 구성하는 원자 쪽에서 전자를 취해가기 쉬운 물질을 구성하는 원자로 옮겨가면서 전기적 균형이 깨어지고 물질은 전기를 띄게 된다.

3 대전열

물체를 마찰할 때, 어떤 물체가 어떤 전기를 띄게 되는 가를 관찰하여 정리하고 그에 따라 결과를 알 수 있게 해주는 것을 대전열이라고 한다.

(+) 털가죽 – 유리 – 명주 – 솜 – 고무 – 플라스틱 – 에보나이드 (−)

대전열의 (+)쪽 물체일수록 전자를 잃어서 (+)전기를 띠고 대전열의 (−)쪽 물체일수록 전자를 얻어서 (−)전기를 띠게 된다.

2.3 절연체, 도체와 반도체

1 절연체, 도체와 반도체 (Insulator, Conductor and Semiconductor)

원자가 결합하여 고체 상태의 물질을 구성하고 있는 경우에 대하여 생각해보자. 고체 상태의 물질에 존재하는 전자 중에는 원자핵에 강하게 속박되어 있는 에너지 대역(가전자대: Valence Band)에 존재하는 전자들과, 원자핵의 속박에서

벗어나 자유롭게 이동할 수 있는 에너지 대역(전도대 : Conduction Band)에 존재하는 전자들이 있을 수 있다는 것이 알려져 있다. 가전자대와 전도대의 에너지 차이를 Energy Gap이라고 한다.

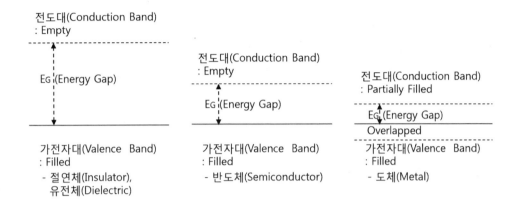

유전체(Dielectric) 또는 절연체(Insulator)는 Energy Gap이 커서 상온 조건이나 보통의 태양광 정도의 Energy를 가하는 조건은 물론이고 상당한 에너지를 가하여도 전도대에 전자가 거의 존재할 수 없는 물질이다. 외부에서 전압을 가하여도 전류가 발생할 수 없으며 유리, 세라믹, 고무, 종이 등이 속한다. 매우 높은 에너지(벼락이나 초고압 전원)가 가해지는 경우 Energy Gap을 이겨내고 전하가 전도대로 이동 될 수도 있는데 이러한 현상을 절연 파괴라고 한다.

반도체(Semiconductor)는 Energy Gap이 작아서 상온 조건이나 보통의 태양광 정도의 Energy를 가하는 조건보다 조금만 에너지를 더 가하면 전도대에 전자가 존재할 수 있는 물질이다. 이러한 조건을 적절히 조절하면 외부에서 전압을 가하여 전류가 흐르거나 흐르지 않도록 할 수 있으며 Silicon , Germanium, Carbon 등이 속한다. 불순물이 전혀 없는 진성반도체(Intrinsic Semiconductor)에 전자를 쉽게 가전자대로부터 받아들이려는 성질이 있는 불순물 원소를 첨가(Doping)하면 P형 반도체, 반대로 전자를 쉽게 전도대로 내어 놓으려는 성질이 있는 불순물 원소를 첨가(Doping)하면 N형 반도체를 만들 수 있다. 또한 진성반도체 내에 적절히 불순물 원소를 첨가하여 PN접합이 만들어지도록 하면 PN Diode를, NPN의 형태로 접합층이 만들어지도록 하면 Transistor를 제조할 수 있다. 또한 소자의 구성에 따라 적절한 공정을 개발하여 MOSFET, 저항, Capacitor, Memory등 다양한 소자를 제조할 수 있다.

도체(Metal)는 Energy Gap이 반도체 보다 더 작거나, 전도대의 하단이 가전자대의 상단보다도 더 낮아서 상온 조건이나 보통의 태양광 정도의 Energy를 가하는 조건에 전도대에 전자가 풍부하게 존재할 수 있는 물질이다. 따라서 외부에서 전압을 가하면 전류가 쉽게 흐르는 상태가 되며 철, 구리, 알루미늄, 금, 은 등이 속한다.

2 절연체가 대전체에 끌리는 이유

양으로 대전된 대전체를 절연체에 가까이 가져가면, 대전체에 가까운 절연체 원자 내의 음전하는 대전체의 양전하에 끌리고, 절연체 내의 양전하는 반발하여 반대방향으로 약간 이동한다. 이것을 절연체 원자 내의 전하가 분극화 되었다고 한다. 절연체 내부의 분극화된 원자에 근접한 다른 원자내의 전하도 연쇄적으로 분극화 된다. 절연체 전체적으로는 모든 양전하와 음전하가 서로 상쇄되어 중성 상태를 유지한다. 전체적인 결과로서 절연체의 표면에서 양으로 대전된 대전체의 가까이에 있는 표면에는 음전하를 띠게 되고, 반대쪽 표면에는 양전하를 띠게 되며, 절연체는 대전체에 끌리는 힘을 받게 된다.

2.4 쿨롱의 법칙

1 두 전하 사이에 작용하는 힘

프랑스 육군 공병대의 장교이자 기계공학자, 토목공학자, 전기물리학자인 Charles Augustin Coulomb(1736~1806)은 미세한 힘의 크기를 측정할 수 있는 비틀림 저울을 직접 고안하였으며 이를 이용하여 1785년에 두 전하 사이에 작용하는 정전기력의 크기를 측정하는 일련의 정교한 과학적인 실험을 수행하였다. 이 실험의 결과 두 전하사이에 작용하는 힘은 각각의 전하량에 비례하고 거리의 제곱에 반비례하는 것을 발견하였으며 이를 쿨롱의 법칙(Coulomb's Law)이라 한다.

2 쿨롱의 법칙(Coulomb's Law)

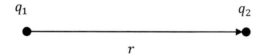

쿨롱의 법칙에 의하면 점전하 q_1에 의하여 r 만큼 떨어져 있는 다른 점전하 q_2에 작용하는 힘 $\vec{F}$는 다음과 같다.

$$\vec{F} = k_e \frac{q_1 q_2}{r^2} \hat{r}_{12}$$

$\hat{r}_{12}$은 q_1에서 q_2로 향하는 방향을 갖는 단위 벡터이다.

여기서 비례계수는 $k_e = \dfrac{1}{4\pi\epsilon_0} = 8.99 \times 10^9 \approx 9 \times 10^9 \, [N \cdot m^2/C^2]$의 값을 가지며 자유공간에서의 유전율 $\epsilon_0 = 8.854 \times 10^{-12} \, [C^2/N \cdot m^2]$이다.

q_1, q_2 두 전하의 부호가 같으면 서로 밀어내는 힘(척력)이 작용하며, 부호가 반대이면 서로 당기는 힘(인력)이 작용한다.

두 개 이상의 점전하가 존재하는 경우 작용하는 힘은 각각의 점전하에 의해 따로 작용하는 힘을 각각 더하여 구할 수 있다. 즉, 중첩의 원리 (Superposition Principle)가 적용된다. 점전하 q_1, q_3에 의하여 각각 r_{12}, r_{32}만큼 떨어져 있는 다른 점전하 q_2에 작용하는 힘 $\vec{F}$는 다음과 같다.

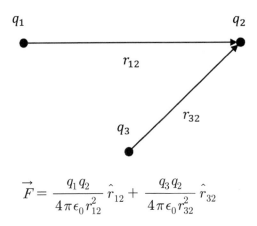

$$\vec{F} = \frac{q_1 q_2}{4\pi\epsilon_0 r_{12}^2}\,\hat{r}_{12} + \frac{q_3 q_2}{4\pi\epsilon_0 r_{32}^2}\,\hat{r}_{32}$$

예제 $1C$의 전하량을 갖는 두 개의 점전하 q_1, q_2가 $1m$ 거리를 두고 놓여 있을 때 작용하는 힘의 크기 F를 구하라.

풀이 $F = k_e \dfrac{q_1 q_2}{r_{12}^2} = \dfrac{q_1 q_2}{4\pi\epsilon_0 r_{12}^2} = 9 \times 10^9 \dfrac{1 \times 1}{1^2} = 9 \times 10^9 \,[N]$

예제 세 개의 점전하가 그림과 같이 x축 상에 놓여 있다. $q_1 = 15\,[\mu C]$은 원점에, $q_2 = 6\,[\mu C]$는 x축 상에 $2[m]$ 거리를 두고 놓여 있을 때 q_3에 작용하는 힘이 0이 되도록 q_3의 x축 상 위치를 구하라.

$$
\begin{array}{ccc}
q_1 & q_3 & q_2 \\
\bullet \!\!\!\!\!\! & \xrightarrow{\hspace{3cm}} & \bullet \\
& x \qquad\qquad 2-x &
\end{array}
$$

풀이 $\vec{F} = \dfrac{q_1 q_3}{4\pi\epsilon_0 r_{13}^2}\,\hat{r}_{13} + \dfrac{q_2 q_3}{4\pi\epsilon_0 r_{23}^2}\,\hat{r}_{23} = 0$이다.

따라서, $\dfrac{q_1 q_3}{4\pi\epsilon_0 x^2}\,\hat{x} - \dfrac{q_2 q_3}{4\pi\epsilon_0 (2-x)^2}\,\hat{x} = 0$이며

$(2-x)^2 \times 15 = 6x^2$ 인 방정식을 얻는다.

$x = \dfrac{10 \pm 2\sqrt{10}}{3}$ 을 얻으며 $x < 2$ 이므로 $x = 1.225\,[m]$

2.5 전기장(Electric Field)

1 장(Field)이란 무엇인가?

직교 좌표계, 원통좌표계, 구 좌표계 등의 좌표계에서 정의되는 임의의 독립변수에 대한 다음의 스칼라, 벡터 함수들을 생각해 보자.

$$V(x, y, z) = (x^2 + y^2 + z^2)/(xyz)$$

$$\vec{F}(r) = G\frac{m_1}{r^2}\hat{r}$$

위의 스칼라 함수, 벡터 함수가 다음과 같이 구체적으로 물리적인 의미를 갖게 될 때 이것을 장 (Field)라고 할 수 있다. 물론 아무거나 마구 붙여서 무조건 그렇다고 할 수 없겠지만, 기본적으로 이러한 개념으로 생각할 수 있음을 알고 있도록 하자.

만약 스칼라 함수가 직교 좌표계에서 그 위치에서의 온도 또는 압력을 의미한다면 온도 장 (Temperature Field) 또는 압력 장(Pressure Field)이라 할 수 있다. 또한 이것들은 스칼라 장 (Scalar Field)으로 분류된다. 또한, 벡터 함수가 질량 m_1인 물체에 의하여 그 물체로부터 r만큼 떨어진 공간에 존재하는 질량이 m_2인 다른 물체에 발생하는 만유인력을 $\vec{F}(r)m_2 = G\dfrac{m_1 m_2}{r^2}\hat{r}$ ($\hat{r}$은 m_2에서 m_1 방향을 향하는 단위 벡터)으로 설명한다면 이것은 중력장(Gravitational Field)이라 할 수 있으며, 이것은 벡터 장 (Vector Field)이다.

2 전기장(Electric Field)

전하 Q에 의하여 발생하는 공간상의 임의의 점에서의 전기장은 시험전하 q에 작용하는 전기력(벡터) $\vec{F}$ 를 사용하여 다음과 같이 정의된다.

$$\vec{F} = k_e \frac{Qq}{r^2} \hat{r} \quad (\hat{r} \text{은 } Q \text{에서 } q \text{ 방향을 향하는 단위 벡터})$$

$$\vec{E} = \frac{\vec{F}}{q} = k_e \frac{Q}{r^2} \hat{r} = \frac{Q}{4\pi\epsilon_0 r^2} \hat{r} \quad [N/C = Volt/m]$$

여기서 명심해야할 사항이 있다. 전기장의 크기만 놓고 보면 양의 단위 전하 즉 $1C$에 가해지는 전기력과 같다. 그러나 전기장의 단위 $[N/C]$를 보면 알겠지만 전기장은 힘(전기력)이 아니다. 전기장은 전하가 존재하면 전기장에 의하여 그 전하에 가해지는 힘(전기력)의 크기와 방향을 알려준다.

전기장(Electric Field) E내에 존재하는 전하량 q인 전하에 작용하는 Coulomb 전기력(Coulomb Force) F는 다음과 같다.

$$\vec{F} = q\vec{E} \quad [N]$$

중력장(Gravitational Field) g내에 존재하는 질량 m인 물체에 작용하는 중력 (Gravitational Force) F_G는 다음과 같다.

$$\vec{F_G} = m\vec{g} \quad [N]$$

따라서 전기장(Electric Field) E는 중력장(Gravitational Field) 즉 중력가속도 g와 유사한 개념이라는 것을 알 수 있다. 전기장 E에 대하여 중력장 g라는 개념을 대응하여 생각할 수 있다.

여기에서도 중력장은 그 자체가 중력에 의해 물체에 발생하는 힘을 의미하는 것은 아니다. 중력장은 질량이 존재하면 그 물체(질량)에 가해지는 힘의(만유인력)의 크기와 방향을 알려준다.

여러 전하에 의해서 발생하는 전기장은 각각의 전하에 의해 발생하는 전기장의 합으로 구할 수 있다. 즉, 중첩의 원리가 성립한다.

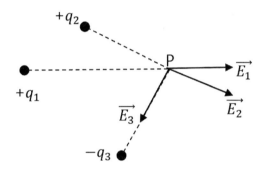

$$\overrightarrow{E_p} = \overrightarrow{E_1} + \overrightarrow{E_2} + \overrightarrow{E_3} = \sum \overrightarrow{E_i}$$

예제 그림과 같이 전하 $+q_1$과 $-q_2$가 x축 상에 있고, 원 점으로부터 각각 거리 a와 b에 있다. (a) y축에 있는 점 P에서 합성 전기장 성분을 구하라.

(b) $|q_1| = |q_2| (= |q|)$이고 $a = b$인 특별한 경우에 점 P에서 전기장을 구하라.

(c) 점 P가 원점으로부터 충분히 먼 거리 $y \gg a$에 있을 때(전기 쌍극자라고 한다) 이것에 의한 전기장을 구하라.

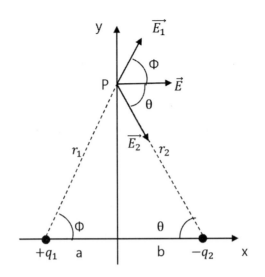

풀이 (a) $E_1 = k_e \dfrac{|q_1|}{r_1^2} = k_e \dfrac{|q_1|}{(a^2 + y^2)}$,

$\overrightarrow{E_1} = k_e \dfrac{|q_1|}{(a^2 + y^2)} \cos\phi \; \hat{x} + k_e \dfrac{|q_1|}{(a^2 + y^2)} \sin\phi \; \hat{y}$

$E_2 = k_e \dfrac{|q_2|}{r_2^2} = k_e \dfrac{|q_2|}{(b^2 + y^2)}$,

$\overrightarrow{E_2} = k_e \dfrac{|q_2|}{(b^2 + y^2)} \cos\theta \; \hat{x} - k_e \dfrac{|q_2|}{(b^2 + y^2)} \sin\theta \; \hat{y}$

$E_x = k_e \dfrac{|q_1|}{(a^2 + y^2)} \cos\phi + k_e \dfrac{|q_2|}{(b^2 + y^2)} \cos\theta$,

$E_y = k_e \dfrac{|q_1|}{(a^2 + y^2)} \sin\phi - k_e \dfrac{|q_2|}{(b^2 + y^2)} \sin\theta$

(b) $E_x = k_e \dfrac{|q|}{(a^2 + y^2)} \cos\phi + k_e \dfrac{|q|}{(a^2 + y^2)} \cos\phi$

$= 2k_e \dfrac{|q|}{(a^2 + y^2)} \cos\phi = k_e \dfrac{2|q|a}{(a^2 + y^2)^{3/2}}$

$$E_y = k_e \frac{|q|}{(a^2 + y^2)} \sin\phi - k_e \frac{|q|}{(a^2 + y^2)} \sin\phi = 0$$

(c) $y \gg a$이므로 $a^2 + y^2 \approx y^2$이고 $E_x \approx k_e \dfrac{2|q|a}{y^3}$, $E_y = 0$

예제 그림과 같이 z 축을 따라 단위 길이 당 전하량 즉, 선 전하 밀도 ρ_l인 무한한 길이의 선 전하가 분포해 있다. 선 전하의 중심으로부터 ρ만큼 떨어진 위치 P에서 전기장을 구하라.

풀이

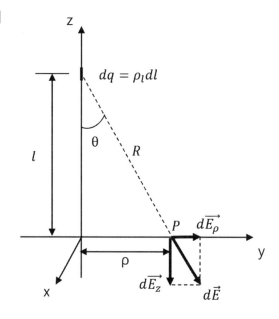

무한 길이의 선 전하이기 때문에 전기장의 크기는 z축 방향으로의 위치 변화에는 관계없이 오직 선 전하의 중심으로 부터의 거리 ρ에 의해서만 결정됨을 미리 생각하고 문제에 접근하자.

R은 미소 선 전하 $dq = \rho_l dl$로부터 위치 P 방향까지의 거리, $\hat{R}$은

$dq = \rho_l \, dl$ 에서 위치 P방향으로 향하는 단위 벡터라 할 때 $dq = \rho_l \, dl$에 의해 발생하는 위치 P에서의 전기장은 다음과 같다.

$$d\vec{E} = k_e \frac{\rho_l \, dl}{R^2} \hat{R} = \frac{\rho_l \, dl}{4\pi\epsilon_0 R^2} \hat{R}$$

그런데, 전기장의 성분을 그림과 같이 ρ 방향과 z 방향으로 분리할 수 있는데 전기장의 z 방향 성분은 위치 P 를 기준으로 대칭 위치에 있는 미소 선 전하 성분에 의하여 발생하는 전기장의 z 방향 성분에 의하여 항상 상쇄되어 소멸하게 된다는 사실을 알 수 있다. 따라서 위치 P에서의 전기장은 ρ 방향 성분만 존재하며 다음과 같이 구할 수 있다.

$$dE_\rho = \frac{\rho_l \, dl}{4\pi\epsilon_0 R^2} \sin\theta$$

한편 $l = \rho \cot\theta$, $R = \rho \csc\theta$ 이며 $dl = -\rho \csc^2\theta \, d\theta$ 임을 생각하면 위 식은 다음과 같이 정리된다.

$$dE_\rho = \frac{\rho_l \, dl}{4\pi\epsilon_0 R^2} \sin\theta = -\frac{\rho_l \sin\theta \, d\theta}{4\pi\epsilon_0 \rho}$$

무한 길이의 선 전하에 분포되어 있는 모든 미소 선 전하 성분에 의하여 발생한 미소 전기장 성분을 모두 합하여 선 전하의 중심으로부터 ρ 만큼 떨어진 위치 P에서 전기장을 다음과 같이 구할 수 있다.

$$E_\rho = -\frac{\rho_l}{4\pi\epsilon_0 \rho} \int_\pi^0 \sin\theta \, d\theta = \frac{\rho_l}{4\pi\epsilon_0 \rho} \cos\theta \Big|_\pi^0 = \frac{\rho_l}{2\pi\epsilon_0 \rho}$$

예제 그림과 같이 $y\,z$ 평면을 따라 단위 면적 당 전하량 즉, 면 전하 밀도 ρ_s인 무한한 면적의 면 전하가 분포해 있다. 면 전하로부터 x만큼 떨어진 위치 P에서 전기장을 구하라.

풀이

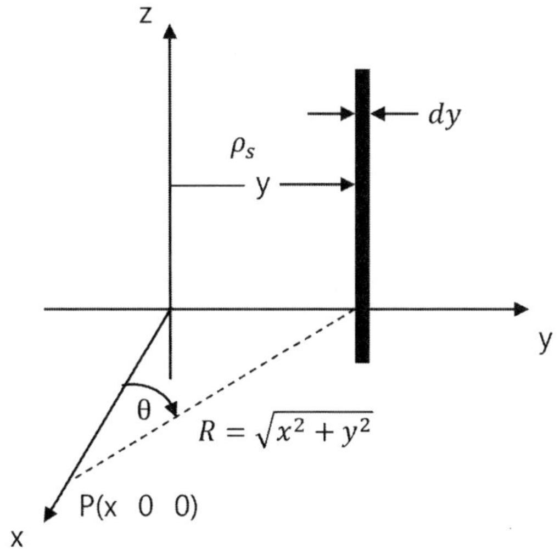

$y\,z$ 평면을 따라 분포하는 무한 면적의 면 전하이기 때문에 전기장의 크기는 y축, z축 방향으로의 위치 변화에는 관계없이 오직 무한 면 전하로 부터의 x축 방향 거리 x에 의해서만 결정됨을 미리 생각하고 문제에 접근하자.

우선 무한 면 전하 분포를 미소 너비 dy에 무한 길이를 갖는 선 전하로 나누어 하나의 무한 길이 선 전하에 의하여 발생하는 전기장을 구하자.

$R = \sqrt{x^2 + y^2}$은 선 전하밀도 $\rho_l = \rho_s\,dy$인 무한 길이 선 전하로부터 위치 P 방향까지의 거리이다. 전기장의 성분은 x 방향과 y 방향으로 분리할 수 있는데 전기장의 y 방향 성분은 위치 P를 기준으로 대칭 위치에 있는 무한 길이 선 전하에 의하여 발생하는 전기장의 y 방향 성분에 의하여 항상 상쇄되어 소멸하게 된다는 사실을 알 수 있다. 따라서 위치 P에서의 전기장은 x 방향 성분만 존재하며 다음과 같이 구할 수

있다.

$$dE_x = \frac{\rho_s \, dy}{2\pi\epsilon_0 \sqrt{x^2 + y^2}} \cos\theta$$

한편 $\cos\theta = \dfrac{x}{\sqrt{x^2 + y^2}}$ 임을 생각하면 위 식은 다음과 같이 정리된다.

$$dE_x = \frac{\rho_s}{2\pi\epsilon_0} \frac{x \, dy}{x^2 + y^2}$$

무한 길이의 선 전하 성분에 의하여 발생한 미소 전기장 성분을 모두 합하여 무한 면 전하로부터 x만큼 떨어진 위치 P에서 전기장을 다음과 같이 구할 수 있다.

$$E_x = \frac{\rho_s}{2\pi\epsilon_0} \int_{-\infty}^{\infty} \frac{x}{x^2 + y^2} dy = \frac{\rho_s}{2\pi\epsilon_0} \tan^{-1}\frac{y}{x}\bigg|_{-\infty}^{\infty} = \frac{\rho_s}{2\epsilon_0}$$

여기서, 무한 면 전하에 의한 전기장의 크기가 면 전하로부터의 거리와 상관없이 면 전하 밀도에만 비례하는 일정한 값을 가진다는 재미있는 사실을 확인할 수 있다.

전기장은 양의 전하로부터 발산해 나간다는 사실로부터 무한 면전하의 면에 수직이고 밖으로 향하는 단위 벡터를 $\hat{n}$ 으로 정하면 무한 면 전하에 의한 전기장은 다음과 같이 일반적으로 표현할 수 있다.

$$\vec{E} = \frac{\rho_s}{2\epsilon_0} \hat{n}$$

예제 yz 평면을 따라 단위 면적 당 전하량 즉, 면 전하 밀도 ρ_s인 무한한 면적의 면 전하가 분포해 있고 $x = a$ 위치에 평행으로 면 전하 밀도 $-\rho_s$인 무한한 면적의 면 전하가 분포해 있다. yz 평면으로부터 x만큼 떨어진 위치 P에서 전기장을 구하라.

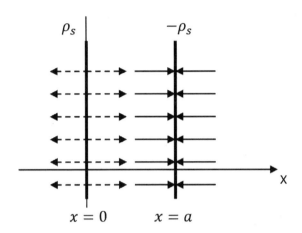

풀이 $x > a$ 영역에서 각 각의 면 전하 밀도가 ρ_s, $-\rho_s$인 무한 평면 전하에 의한 전기장은 각각 다음과 같다.

$$\vec{E}_{+} = \frac{\rho_s}{2\epsilon_0}\hat{x}, \quad \vec{E}_{-} = -\frac{\rho_s}{2\epsilon_0}\hat{x} \quad \text{따라서} \quad \vec{E} = \frac{\rho_s}{2\epsilon_0}\hat{x} - \frac{\rho_s}{2\epsilon_0}\hat{x} = 0$$

$x < 0$ 영역에서 각 각의 면 전하 밀도가 ρ_s, $-\rho_s$인 무한 평면 전하에 의한 전기장은 각 각 다음과 같다.

$$\vec{E}_{+} = -\frac{\rho_s}{2\epsilon_0}\hat{x}, \quad \vec{E}_{-} = \frac{\rho_s}{2\epsilon_0}\hat{x} \quad \text{따라서} \quad \vec{E} = -\frac{\rho_s}{2\epsilon_0}\hat{x} + \frac{\rho_s}{2\epsilon_0}\hat{x} = 0$$

$0 < x < a$ 영역에서 각 각의 면 전하 밀도가 ρ_s, $-\rho_s$인 무한 평면 전하에 의한 전기장은 각 각 다음과 같다.

$$\vec{E}_{+} = \frac{\rho_s}{2\epsilon_0}\hat{x}, \quad \vec{E}_{-} = \frac{\rho_s}{2\epsilon_0}\hat{x} \quad \text{따라서} \quad \vec{E} = \frac{\rho_s}{2\epsilon_0}\hat{x} + \frac{\rho_s}{2\epsilon_0}\hat{x} = \frac{\rho_s}{\epsilon_0}\hat{x}$$

1 전기력선(Electric Field Line, Streamline)

전기력선은 자유롭게 이동할 수 있는 미소 양전하가 전기장 내에 존재 할 때 이동할 수 있는 경로를 표현한 가상의 선이며 다음과 같은 성질을 갖는다.

- 전기장의 방향과 같은 방향을 갖는다.
- 전기력선의 밀도는 전기장의 크기와 같다.
- 전하 Q[C]에서는 $\dfrac{Q}{\epsilon_0}$개의 전기력선이 생성된다. 따라서 전하 1[C]에서는

  $\dfrac{1}{\epsilon_0} = 36\pi \times 10^9$개의 전기력선이 생성된다.($\displaystyle\oiint_S \vec{E} \cdot \vec{ds} = \dfrac{Q}{\epsilon_0}$)

- 양전하에서 출발하여 음전하에서 끝난다. 양전하만 있는 경우 무한원점까지 퍼지거나, 음전하만 있는 경우 무한원점으로부터 음전하에서 끝난다. 즉, 전기장 벡터의 발산 성분이 그 지점에서의 전하 밀도와 밀접한 관계가 있다.

  $(\nabla \cdot \vec{E} = \dfrac{\rho}{\epsilon_0})$

- 2개의 전기력선은 서로 교차하지 않는다.
- 전기력선 자신 만으로 폐곡선을 만들지 못한다. 즉, 전기장 벡터의 회전 성분이 0 이다. $(\nabla \times \vec{E} = 0)$
- 전기력선은(정전기적 평형상태에서) 도체 내부에는 존재하지 않는다.
- 전기력선은 도체 표면과 수직이다.

아직 전위(Electric Potential)에 대하여 구체적으로 설명하지 않았지만, 양전하에 가까울수록 전위가 높은 상태라고 생각하면 전기력선은 다음과 같은 성질도 가진다.

- 전기력선은 전위가 높은 곳에서 낮은 곳으로 향한다. 따라서 전기력선은 전위

가 같은 면과 직교한다. 즉, 전위의 음의 기울기 벡터를 구하면 전기장이 된다. ($\vec{E} = -\nabla V = -grad\,V$)

2 전기력선의 방정식

전기력선 상의 임의의 한 점에서 전기장과 그 전기장에 접하는 미소 선분 벡터는 다음과 같이 표현할 수 있다.

$$\vec{E} = E_x\hat{x} + E_y\hat{y} + E_z\hat{z}$$
$$\vec{dl} = dx\,\hat{x} + dy\,\hat{y} + dz\,\hat{z}$$

전기장과 그 전기장에 접하는 미소 선분 벡터는 항상 같은 방향이므로 다음과 같이 두 벡터의 외적이 항상 0이 된다.

$$\vec{E} \times \vec{dl} = \begin{vmatrix} \hat{x} & \hat{y} & \hat{z} \\ E_x & E_y & E_z \\ dx & dy & dz \end{vmatrix} = (E_y dz - E_z dy)\hat{x} + (E_z dx - E_x dz)\hat{y} + (E_x dy - E_y dx)\hat{z} = 0$$

따라서, 다음과 같이 전기력선의 방정식이 만족해야 할 조건이 얻어진다.

$$E_y dz - E_z dy = 0,\ E_z dx - E_x dz = 0,\ E_x dy - E_y dx = 0$$

$$\frac{dx}{E_x} = \frac{dy}{E_y} = \frac{dz}{E_z}$$

예제 $V(x, y, z) = x^2 + y^2 \, [Volt]$의 전위 분포를 갖는 전기장(전계)에 대한 전기력선의 방정식을 구하라.

풀이 $\vec{E} = -\nabla V(x, y, z) = -\left(\dfrac{\partial}{\partial x}\hat{x} + \dfrac{\partial}{\partial y}\hat{y} + \dfrac{\partial}{\partial z}\hat{z}\right)(x^2 + y^2) = -2x\hat{x} - 2y\hat{y}$

$\dfrac{dx}{E_x} = \dfrac{dy}{E_y}$ 이므로

$\dfrac{dx}{x} = \dfrac{dy}{y}$ 이고 양변에 부정적분(역 미분)을 취하면 다음과 같다.

$\ln x = \ln y + C$

양변에 지수함수를 취하고 $e^{\ln x} = x$, $e^{a+b} = e^a e^b$ 임을 고려하면 전기력선의 방정식은 다음과 같이 얻어진다.

$y = kx$

예제 $\vec{E} = \dfrac{1}{x}\hat{x} + \dfrac{1}{y}\hat{y} \, [Volt/m]$의 전기장(전계)에 대하여 점$(1, 2)\,[m]$를 통과하는 전기력선의 방정식을 구하라.

풀이 $E_x = \dfrac{1}{x}, E_y = \dfrac{1}{y}$ 이고 $\dfrac{dx}{E_x} = \dfrac{dy}{E_y}$ 이므로

$x\, dx = y\, dy$ 이고 양변에 부정적분(역 미분)을 취하면 다음과 같다.

$\dfrac{1}{2}x^2 = \dfrac{1}{2}y^2 + C$

전기력선이 점$(1, 2)\,[m]$를 통과한다는 사실로 부터 C의 값을 구하면 전기력선의 방정식은 다음과 같이 얻어진다.

$y^2 = x^2 + 3$

2.7 전기선속(Electric Flux)

1837년경에 London 왕립학회의 Michael Faraday(1791~1867)는 아래 그림에서 보이는 것과 같은 실험 장치를 가지고 공기를 포함한 유전체 물질 내에서의 정전기장 및 정전기 유도 현상에 대하여 다음과 같은 순서로 흥미로운 실험을 하였다.

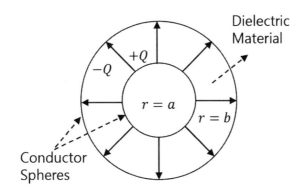

- 내부의 금속 구에 크기를 아는 양의 전하를 대전시킨다.
- 대전되어 있지 않은 외부의 반구 두 개를 그림과 같이 조립하고 내부는 유전체로 채운다. 외부 도체를 잠시 접지하여 외부 도체 표면 양전하를 방전시킨다.
- 대전된 상태가 영향을 받지 않도록 절연물질을 사용하여 외부의 반구 두 개를 다시 분해한다. 그 결과 외부의 금속 구에 음의 전하가 대전된 것이 측정되었다.

외부의 금속 구에 대전된 전하는 유전 물질의 종류와 상관없이 크기는 같고 부호가 반대인 것을 확인하였으며 이로부터 내부 금속 구로부터 외부 금속 구로 그 사이의 유전 물질에 무관하게 작용하는 어떠한 것이 존재한다고 생각하였으며 이것을 오늘날에는 전기선속(Electric Flux)이라고 부른다.
또한 내부 금속구의 전하를 증가시키면 외부 금속 구에 유기되는 전하량도 증가하는 것으로부터 전기선속과 내부 금속 구에 대전된 전하량은 정비례 한다는 사실을 알게 되었으며 MKS 단위계에서 그 비례 상수가 1이다. 즉 전기선속을 Ψ, 내부 금속 구에 대전된 전하량을 Q라 하면 다음과 같은 관계가 성립된다.

$$\Psi = Q$$

당연히 전기선속과 전하량 모두 단위로 [C], Coulomb을 사용한다.

여기에서 전기선속의 밀도, 줄여서 전속밀도(Electric Flux Density) $D[C/m^2]$의 개념을 생각할 수 있으며 내부 구와 외부 구의 표면에서 이것은 다음과 같이 각각 계산된다. 즉 $\hat{r}$을 구의 중심에서 r 방향을 향하는 단위 벡터라 할 때 아래와 같이 계산된다.

$$\vec{D} = \frac{Q}{4\pi a^2}\hat{r} \ [C/m^2] \ (\text{내부 구의 표면})$$

$$\vec{D} = \frac{Q}{4\pi b^2}\hat{r} \ [C/m^2] \ (\text{외부 구의 내부 표면})$$

한편 $a < r < b$ 에서는 다음과 같다,

$$\vec{D} = \frac{Q}{4\pi r^2}\hat{r} \ [C/m^2]$$

이로부터 전기장 $E[V/m]$과 전속밀도 $D[C/m^2]$는 다음과 같은 관계를 갖게 됨을 알 수 있다.

$$\vec{D} = \epsilon_0 \vec{E} \ (\text{내부가 자유 공간인 경우})$$

$$\vec{D} = \epsilon \vec{E} = \epsilon_0 \epsilon_r \vec{E} \ (\text{내부가 비유전율이 } \epsilon_r \text{인 유전체인 경우})$$

2.8　가우스 법칙(Gauss' Law)

앞 절에서 언급한, 1837년경에 London 왕립학회의 Michael Faraday가 공기를 포함한 유전체 물질 내에서의 정 전기장 및 정전기 유도 현상에 대하여 수행한 흥미로운 실험의 결과는 다음과 같이 요약할 수 있으며 가우스 법칙(Gauss' Law)이라고 한다.

임의의 폐곡면 (Closed Surface)을 통과하는 전기 선속(Electric Flux)은 그 폐곡면이 둘러싸고 있는 내부 전하의 총량과 같다.

좀 더 간단히 설명하면, 임의의 가상의 폐곡면을 통과하는 전기선속이 1 $[C]$이라면 그 폐곡면 내부의 전하 총량이 1 $[C]$임을 의미한다.

인류 역사상 3대 위대한 수학자 중 한사람으로 평가되는 Karl Friedrich Gauss (1777~1855)의 업적은 Faraday의 실험결과를 Gauss 법칙으로 정리한 것뿐만이 아니라 Gauss폐곡면을 도입하여 이 법칙의 수학적인 표현을 명확하게 한 데 있다고 할 수 있다.

그림과 같이 점전하 Q 를 둘러싸고 있는 반경 r인 가상의 구 표면인 폐곡면 (Gauss 폐곡면)을 생각하면 그 표면을 통과하는 전기 선속은 내부 전하의 총량과 같으므로 다음과 같이 계산할 수 있다.

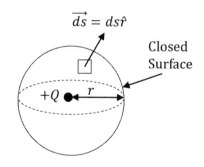

$\hat{r}$을 구의 중심에서 r 방향을 향하는 단위 벡터라 할 때 반경 r인 구의 표면에서는 전속밀도 D의 크기가 θ와 ϕ의 함수가 아니므로 아래와 같이 계산된다.

$$\Psi = \oint \vec{D}\cdot \ \vec{ds} = \oint D\hat{r}\cdot \ r^2 \sin\theta\, d\theta\, d\phi\, \hat{r}$$

$$= Dr^2 \int_0^{2\pi} \int_0^{\pi} \sin\theta\, d\theta\, d\phi = 4\pi r^2 D = Q$$

Gauss 법칙은 가상의 폐곡면(가우스 폐곡면) 내부에 임의의 점전하가 분포되어 있는 경우에도 동일하게 성립한다. 즉 Gauss 폐곡면 내부에 다수의 전하가 분포되어 있는 경우에 그 내부 전하의 총량이 Q라면 Gauss 법칙에 의하여 다음과 같은 결과를 얻을 수 있다.

$$\Psi = \oint \vec{D}\cdot \ \vec{ds} = \sum_i q_i = Q$$

일반적으로 설명하면, 가상의 폐곡면(가우스 폐곡면) 내부에 전하가 점전하 형태로 분포한다면

$$Q = \sum_i q_i$$

가상의 폐곡면(가우스 폐곡면) 내부에 전하가 선 전하 형태로 분포한다면

$$Q = \int \rho_l dl$$

가상의 폐곡면(가우스 폐곡면) 내부에 전하가 면 전하 형태로 분포한다면

$$Q = \int \rho_s ds$$

가상의 폐곡면(가우스 폐곡면) 내부에 전하가 체적 전하 형태로 분포한다면

$$Q = \int \rho_v \, dv$$

로 표현할 수 있다.

적분기호에 표기된 원형기호는 적분 연산이 폐곡면 전체에 걸쳐 이루어지고 있음을 의미한다. 마찬가지로 적분 연산이 폐곡선 경로 전체에 걸쳐 이루어지는 경우에도 적분 기호에 원형 기호를 표기한다.

위에서 설명한 바와 같이 Gauss 법칙은 어떠한 전하 분포에도 적용되는 일반적인 법칙이지만 전기장을 해석적인 방법으로 구하고자 할 때 대칭성(Symmetry)을 잘 이루고 있는 전하 분포를 갖는 경우 즉, 대칭성을 가지도록 가우스 폐곡면을 잡을 수 있는 전하 분포를 갖는 경우에 특별히 유용하다.

이 경우 Gauss 법칙을 적용하는 순서를 정리하면 다음과 같다.
• 가능한 대칭성을 상정해 보고 직교 좌표계, 원통 좌표계, 구 좌표계 중에서 적용할 좌표계를 선정한다.
• 전기력선의 개략적인 형상을 그려본다.
• 전기력선에 수직이 되도록 가상의 Gauss 폐곡면을 잡는다.
• 선정된 좌표계에 기반 하여 전기장 또는 전속밀도를 계산한다.

예제 전체 전하량 Q가 표면에 균일하게 대전된 내부가 비어있고(또는 차 있는) 반경이 R 인 도체 구체의 1) 외부와 2) 내부에서의 전기장을 Gauss 법칙을 이용하여 구하라.

풀이

$+Q$

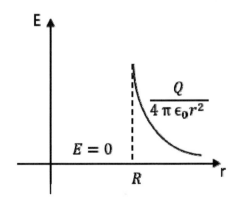

R

1) 내부가 빈 도체 구체의 외부($r > R$)에 구형의 가우스 폐곡면을 생각하고 가우스 법칙을 적용하면 다음과 같다.

$$\Psi = \oint \vec{D} \cdot \vec{ds} = 4\pi r^2 D = Q \text{ 이고 } D = \epsilon_0 E \text{ 이므로 } E = \frac{Q}{4\pi\epsilon_0 r^2}$$

2) 내부가 빈(또는 차 있는) 도체 구체의 내부($r \leq R$)에 구형의 가우스 폐곡면을 생각하고 가우스 법칙을 적용하면 다음과 같다.

$$\Psi = \oint \vec{D} \cdot \vec{ds} = 4\pi r^2 D = 0 \text{ 이고 } D = \epsilon_0 E \text{ 이므로 } E = 0$$

전기장을 그림으로 표현하면 다음과 같다.

예제 부피전하 밀도가 ρ_v이고 전체 전하량 Q로 균일하게 대전되어 있는 반지름이 R인 내부가 차있는 부도체(유전율은 공기와 같은 경우) 구체가 있다. 구체의 1) 외부, 2) 표면과 3) 내부의 한 점에서 전기장을 Gauss 법칙을 이용하여 구하라.

풀이

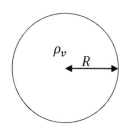

1) 부도체 구체의 외부($r > R$)에 구형의 가우스 폐곡면을 생각하고 가우스 법칙을 적용하면 다음과 같다.

$$\Psi = \oint \vec{D} \cdot \vec{ds} = 4\pi r^2 D = Q \text{ 이고 } D = \epsilon_0 E \text{ 이므로 } E = \frac{Q}{4\pi\epsilon_0 r^2}$$

2) 부도체 구체의 표면($r = R$)에 구형의 가우스 폐곡면을 생각하고 가우스 법칙을 적용하면 다음과 같다.

$$\Psi = \oint \vec{D} \cdot \vec{ds} = 4\pi R^2 D = Q \text{ 이고 } D = \epsilon_0 E \text{ 이므로 } E = \frac{Q}{4\pi\epsilon_0 R^2}$$

3) 부도체 구체의 내부($r < R$)에 구형의 가우스 폐곡면을 생각하고 가우스 법칙을 적용하면 다음과 같다.

우선 부피가 V_0인 구형의 가우스 폐곡면 내부의 전하 Q_{in}은 전체 전하 Q보다 작게 다음과 같이 계산된다.

$$Q_{in} = \rho_v V_0 = \rho_v \left(\frac{4}{3}\pi r^3 \right)$$

$$\Psi = \oint \vec{D} \cdot \vec{ds} = 4\pi r^2 D = Q_{in} \text{이고 } D = \epsilon_0 E \text{ 이므로}$$

$$E = \frac{Q_{in}}{4\pi\epsilon_0 r^2} = \frac{\rho_v \left(\frac{4}{3}\pi r^3 \right)}{4\pi\epsilon_0 r^2} = \frac{\rho_v}{3\epsilon_0} r$$

그런데 $\rho_v = \dfrac{Q}{\dfrac{4}{3}\pi R^3}$ 이므로 $E = \dfrac{Q}{4\pi\epsilon_0 R^3}r$

전기장을 그림으로 표현하면 다음과 같다.

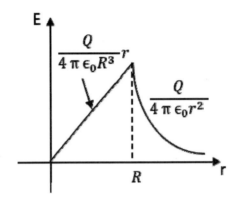

 아래 그림과 같이 동심 도체 구에서 내부가 차있고 반경이 $r = a$인 내부 도체 구 A를 전하 $+Q$를 갖도록 대전시키고 내부가 비어있고 각각 외부 반경이 $r = c$, 내부 반경이 $r = b$인 외부 도체 구 B를 대전시키지 않은 상태로 하였을 경우에 1) 도체 구 B의 외부와 2) 도체 구 A와 B 사이의 한 점에서 전기장을 Gauss 법칙을 이용하여 구하라.

풀이

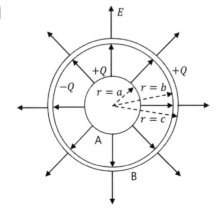

1) 도체 구 B의 외부($r \geq c$)에 구형의 가우스 폐곡면을 생각하고 가우스 법칙을 적용하면 다음과 같다.

$$\Psi = \oint \vec{D} \cdot \ \vec{ds} = 4\pi r^2 D = Q - Q + Q = Q \ \text{이고}$$

$$D = \epsilon_0 E \ \text{이므로} \ E = \frac{Q}{4\pi\epsilon_0 r^2}$$

2) 도체 구 A와 B 사이($a \leq r \leq b$)에 구형의 가우스 폐곡면을 생각하고 가우스 법칙을 적용하면 다음과 같다.

$$\Psi = \oint \vec{D} \cdot \ \vec{ds} = 4\pi r^2 D = Q \ \text{이고} \ D = \epsilon_0 E \ \text{이므로} \ E = \frac{Q}{4\pi\epsilon_0 r^2}$$

전기장을 그림으로 표현하면 다음과 같다.

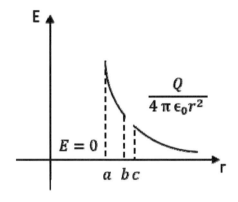

예제 아래 그림과 같이 동심 도체 구에서 내부가 차있고 반경이 $r = a$인 내부 도체 구 A를 대전시키지 않고 내부가 비어있고 각각 외부 반경이 $r = c$, 내부 반경이 $r = b$인 외부 도체 구 B를 전하 $+Q$를 갖도록 대전시킨 상태로 하였을 경우에 1) 도체 구 B의 외부와 2) 도체 구 A와 B 사이의 한 점에서 전기장을 Gauss 법칙을 이용하여 구하라.

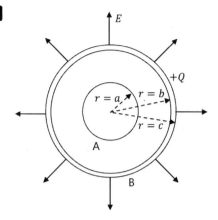

1) 도체 구 B의 외부($r \geq c$)에 구형의 가우스 폐곡면을 생각하고 가우스 법칙을 적용하면 다음과 같다.

$$\Psi = \oint \vec{D} \cdot \vec{ds} = 4\pi r^2 D = Q \text{ 이고 } D = \epsilon_0 E \text{ 이므로 } E = \frac{Q}{4\pi\epsilon_0 r^2}$$

2) 도체 구 A와 B 사이($a \leq r \leq b$)에 구형의 가우스 폐곡면을 생각하고 가우스 법칙을 적용하면 다음과 같다.

$$\Psi = \oint \vec{D} \cdot \vec{ds} = 4\pi r^2 D = 0 \text{ 이고 } D = \epsilon_0 E \text{ 이므로 } E = 0$$

전기장을 그림으로 표현하면 다음과 같다.

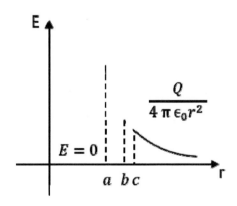

예제 아래 그림과 같이 동심 도체 구에서 내부가 차있고 반경이 $r = a$인 내부 도체 구 A를 전하 $+Q$를 갖도록 대전시키고 각각 외부 반경이 $r = c$, 내부 반경이 $r = b$인 외부 도체 구 B를 전하 $-Q$를 갖도록 대전시킨 상태로 하였을 경우에 1) 도체 구 B의 외부와 2) 도체 구 A와 B 사이의 한 점에서 전기장을 Gauss 법칙을 이용하여 구하라.

풀이

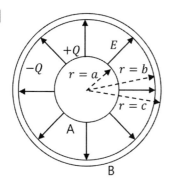

정전기력에 의하여 도체 구 A의 표면에 전하 $+Q$가 도체 구 B의 내부 표면에 전하 $-Q$가 각각 분포한다.

1) 도체 구 B의 외부($r \geq c$)에 구형의 가우스 폐곡면을 생각하고 가우스 법칙을 적용하면 다음과 같다.

$$\Psi = \oint \vec{D} \cdot \vec{ds} = 4\pi r^2 D = -Q + Q = 0 \text{ 이고 } D = \epsilon_0 E \text{ 이므로 } E = 0$$

2) 도체 구 A와 B 사이($a \leq r \leq b$)에 구형의 가우스 폐곡면을 생각하고 가우스 법칙을 적용하면 다음과 같다.

$$\Psi = \oint \vec{D} \cdot \vec{ds} = 4\pi r^2 D = Q \text{ 이고 } D = \epsilon_0 E \text{ 이므로 } E = \frac{Q}{4\pi\epsilon_0 r^2}$$

전기장을 그림으로 표현하면 다음과 같다.

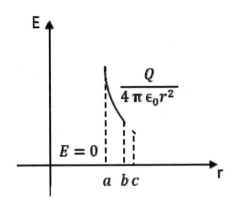

$$\frac{Q}{4\pi\epsilon_0 r^2}$$

$$E = 0$$

$a\ bc$

예제 선 전하 밀도 ρ_l로 고르게 대전되어 있는 무한 길이의 선 전하에 의한 전기장을 Gauss 법칙을 이용하여 구하라.

풀이

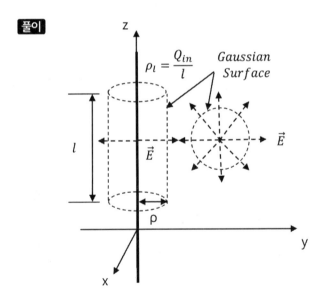

$$\rho_l = \frac{Q_{in}}{l}$$

Gaussian Surface

$\vec{E}$

l

$\vec{E}$

ρ

무한길이의 선 전하를 원통의 중심에 두고 감싸는 반경이 ρ이고 길이가 l인 원통형의 가우스 평면을 생각한다. 원통의 면적 소 벡터는 모두 원통의 바깥 방향을 향하도록 즉, 뚜껑 부위는 선 전하의 길이 방향과 같은 방향을, 측면은 원통의 중심축으로부터 방사상으로 전기장과 같은 방향이 되도록 잡을 수 있다.

전기장의 방향이 선 전하의 중심으로부터 방사상으로 향하는 방향이고, 선 전하의 길이 방향의 전기장은 0이라는 사실을 고려하면 Gauss 법칙을 적용하여 다음과 같이 계산할 수 있다.

선 전하 밀도는 $\rho_l = \dfrac{Q_{in}}{l}\left[\dfrac{C}{m}\right]$ 이고

$$\Psi = \oint \vec{D} \cdot \vec{ds} = \oint D\hat{\rho} \cdot \rho\, d\phi\, dz\, \hat{\rho} = D\rho \int_0^l \int_0^{2\pi} d\phi\, dz$$

$= 2\pi\rho l D = Q_{in} = \rho_l l$ 이고 $D = \epsilon_0 E$ 이므로 $E = \dfrac{\rho_l}{2\pi\epsilon_0 \rho}$

전기장을 그림으로 표현하면 다음과 같다.

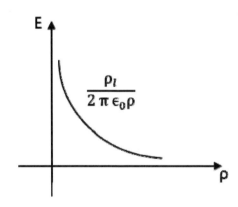

예제 선 전하 밀도가 ρ_l로 균일하게 대전되어 있는 반지름이 R인 내부가 차있는 부도체(유전율은 공기와 같은 경우)인 무한 길이의 원주형 대전체가 있다. 무한 길이 대전체의 1) 외부, 2) 표면과 3) 내부의 한 점에서 전기장을 Gauss 법칙을 이용하여 구하라.

풀이

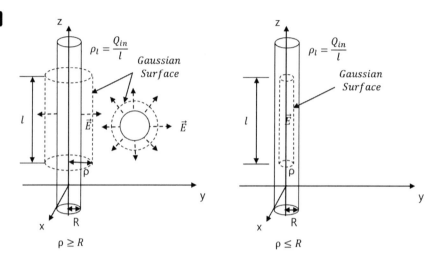

1) 원주형 부도체 대전체의 외부($\rho > R$)에 길이가 l인 원주형의 가우스 폐곡면을 생각하고 가우스 법칙을 적용하면 다음과 같다.

$$\Psi = \oint \vec{D} \cdot \vec{ds} = 2\pi \rho l D = Q_{in} = \rho_l l \text{ 이고 } D = \epsilon_0 E \text{ 이므로}$$

$$E = \frac{\rho_l}{2\pi \epsilon_0 \rho}$$

2) 원주형 부도체 대전체의 표면($\rho = R$)에 길이가 l인 원주형의 가우스 폐곡면을 생각하고 가우스 법칙을 적용하면 다음과 같다.

$$\Psi = \oint \vec{D} \cdot \vec{ds} = 2\pi R l D = Q_{in} = \rho_l l \text{ 이고 } D = \epsilon_0 E \text{ 이므로}$$

$$E = \frac{\rho_l}{2\pi \epsilon_0 R}$$

3) 원주형 부도체 대전체의 내부($r < R$)에 길이가 l인 원주형의 가우스 폐곡면을 생각하고 가우스 법칙을 적용하면 다음과 같다.

우선 부피가 V_0인 원주형의 가우스 폐곡면 내부의 전하 Q_{in}은 부피가 V인 원주형 선 전하내의 길이가 l인 부분의 전체 전하 $Q = \rho_l l$보다 작게 다음과 같이 계산된다.

$$Q_{in} = \rho_v V_0 = \frac{\rho_l l}{V} V_0 = \rho_l l \left(\frac{\pi \rho^2 l}{\pi R^2 l} \right)$$

$\Psi = \oint \vec{D} \cdot \vec{ds} = 2\pi \rho l D = Q_{in}$ 이고 $D = \epsilon_0 E$ 이므로

$$E = \frac{Q_{in}}{2\pi \epsilon_0 \rho l} = \frac{\rho_l l \left(\dfrac{\rho^2}{R^2} \right)}{2\pi \epsilon_0 \rho l} = \frac{\rho_l}{2\pi \epsilon_0 R^2} \rho$$

전기장을 그림으로 표현하면 다음과 같다.

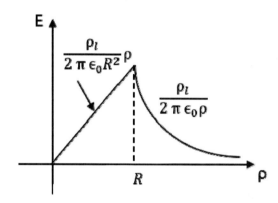

예제 선 전하 밀도가 ρ_l로 균일하게 대전되어 있는 반지름이 R인 내부가 차있거나 비어있는 도체(유전율은 공기와 같은 경우)인 무한 길이의 원주형 대전체가 있다. 무한 길이 대전체의 1) 외부, 2) 표면과 3) 내부의 한 점에서 전기장을 Gauss 법칙을 이용하여 구하라.

풀이

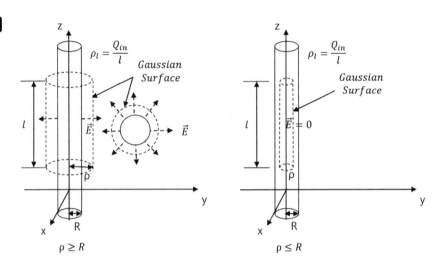

1) 원주형 도체 대전체의 외부($\rho > R$)에 길이가 l인 원주형의 가우스 폐곡면을 생각하고 가우스 법칙을 적용하면 다음과 같다.

$$\Psi = \oint \vec{D} \cdot \vec{ds} = 2\pi r l D = Q_{in} = \rho_l l \text{ 이고 } D = \epsilon_0 E \text{ 이므로}$$

$$E = \frac{\rho_l}{2\pi\epsilon_0 r}$$

2) 원주형 도체 대전체의 표면($\rho = R$)에 길이가 l인 원주형의 가우스 폐곡면을 생각하고 가우스 법칙을 적용하면 다음과 같다.

$$\Psi = \oint \vec{D} \cdot \vec{ds} = 2\pi R l D = Q_{in} = \rho_l l \text{ 이고 } D = \epsilon_0 E \text{ 이므로}$$

$$E = \frac{\rho_l}{2\pi\epsilon_0 R}$$

3) 정전기적 평형상태에서 원주형 도체 대전체의 내부($r < R$)에는 전하가 존재하지 않으므로 전기장은 0이 된다. $E = 0$

전기장을 그림으로 표현하면 다음과 같다.

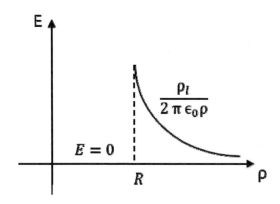

예제 표면전하 밀도 ρ_s로 고르게 대전되어 있는 무한 평면 대전체에 의한 전기장을 Gauss 법칙을 이용하여 구하라.

풀이

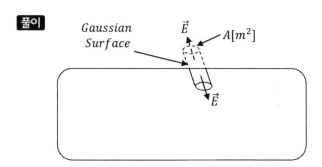

무한 평면을 내 외부로 감싸는 뚜껑 부위의 면적이 A인 원통형의 가우스 평면을 생각한다. 원통 표면의 면적요소 벡터는 모두 원통의 바깥 방향을 향하도록 즉, 뚜껑 부위는 표면 전기장과 같은 방향을, 측면은 원통의 중심축으로 부터 방사상으로 전기장과 수직이 되도록 잡을 수 있다. 무한 평면을 중심으로 양쪽으로 서로 반대 방향으로 전기장이 발생한다는 사실을 고려하면 Gauss 법칙을 적용하여 다음과 같이 계산할 수 있다.

표면전하 밀도는 $\rho_s = \dfrac{Q_{in}}{A}\left[\dfrac{C}{m^2}\right]$ 이고

$\Psi = \oint \vec{D} \cdot \vec{ds} = 2AD = Q_{in} = \rho_s A$ 이고 $D = \epsilon_0 E$ 이므로

$E = \dfrac{\rho_s}{2\epsilon_0}$

전기장의 세기는 평면으로부터 거리에 무관하게 $E = \dfrac{\rho_s}{2\epsilon_0}$ 이다.

즉, 어느 위치에서나 전기장의 크기는 일정하다.

예제 표면전하 밀도 ρ_s와 $-\rho_s$로 고르게 대전되어 일정간격(a)을 두고 마주보고 있는 두 개의 무한 평면에 의한 전기장을 구하라.

풀이

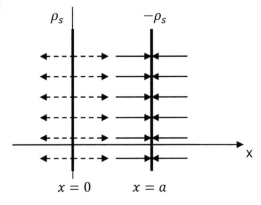

균일하게 대전된 무한 평면 전하에 의한 전기장의 세기는 평면으로부터

어떤 거리에 있더라도 $E = \dfrac{\rho_s}{2\epsilon_0}$ 이며 어느 위치에서나 전기장은 균일

하다. 따라서 표면전하밀도 $+\rho_s$로 대전된 무한 평면 전하에 의한 전기

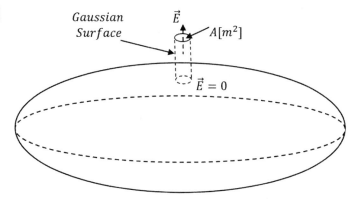

장의 세기는 평면으로부터 $E = +\dfrac{\rho_s}{2\epsilon_0}$ 이며 표면전하밀도 $-\rho_s$로 대전된 무한평면 전하에 의한 전기장의 세기는 평면으로부터

$$E = -\frac{\rho_s}{2\epsilon_0} \text{ 이다.}$$

두 평판 바깥 영역에서는 서로 상쇄되어 소멸되고 두 평판 사이에서는 서로 더해지므로 전기장은 다음과 같이 구해진다.

$$E = \frac{\rho_s}{2\epsilon_0} + \frac{\rho_s}{2\epsilon_0} = +\frac{\rho_s}{\epsilon_0} \quad (a \text{ 만큼 떨어진 두 평판 사이의 영역})$$

예제 표면전하 밀도 ρ_s로 고르게 대전되어 있는 도체 덩어리에 의한 전기장을 도체 표면과 가까운 표면 근처에서 Gauss 법칙을 이용하여 구하라.

풀이

도체 표면을 내 외부로 감싸는 뚜껑 부위의 면적이 A인 원통형의 가우스 평면을 생각한다. 원통의 면적 소 벡터는 모두 원통의 외부 방향으로 향하도록 즉, 뚜껑 부위는 표면 전기장과 같은 방향을, 측면은 원통의 중심축으로부터 방사상으로 전기장과 수직이 되도록 잡을 수 있다. 도체 내부의 전기장은 0이라는 사실을 고려하면 Gauss 법칙을 적용하여 다음과 같이 계산할 수 있다.

표면전하 밀도는 $\rho_s = \dfrac{Q_{in}}{A}\left[\dfrac{C}{m^2}\right]$ 이고

$$\Psi = \oint \overrightarrow{D}\cdot\ \overrightarrow{ds} = DA = Q_{in} = \rho_s A \text{이고 } D = \epsilon_0 E \text{ 이므로 } E = \frac{\rho_s}{\epsilon_0}$$

여기에서 주의할 점은 만약 도체로부터 충분히 멀리 떨어진 거리에서의 전기장을 생각한다면 도체에 분포하는 전하량의 총합 Q를 점전하로 간주하는 전기장을 얻게 될 것이라는 사실이다.

이상의 예제를 통하여 전기장을 구하는데 있어 가우스 법칙(Gauss' Law)의 유용성을 이해할 수 있을 것이다. 그런데 1.6 절에서 우리는 발산 정리(Divergence Theorem) 또는 가우스 정리(Gauss' Theorem)를 설명하였다.

가우스 법칙(Gauss' Law)과 가우스 정리(Gauss' Theorem) 또는 발산 정리(Divergence Theorem)는 명칭이 거의 같아서 혼동을 유발할 수 있어 보이는데 법칙(Law)과 정리(Theorem)는 어떤 차이가 있는 것일까?

일반적으로 법칙(Law)은 관찰이나 실험 등에 의해서 그렇게 된다는 사실을 명확하게 알고 있기는 하지만 왜 그렇게 되는지 이유는 알지 못할 경우에 사용한다. 만유인력의 법칙(Gravitational Law), 쿨롱의 법칙 (Coulomb's Law)이 성립한다는 것을 우리 인류는 알고 있으나 왜 그런 현상이 생기는지에 대해서는 아무도 알지 못한다.

반면 가우스 정리(Gauss' Theorem), 스토크스 정리(Stokes' Theorem) 등 정리(Theorem)라는 명칭이 붙은 경우에는 논리적, 수학적인 추론 과정을 거쳐서 그렇게 된다는 것이 명확하게 증명되었으며 이러한 경우에 사용한다는 사실을 알아두자.

2.9 정전기적 평형상태의 도체

도체 내에서 전하의 이동이 없는 경우, 도체는 정전기적 평형상태(Electrostatic Equilibrium)에 있다고 한다.

정전기적 평형상태에서의 전하와 그에 따른 전기장은 다음과 같은 일반적인 특징을 갖고 있다.

- 도체 내부가 차 있거나 비어 있거나 무관하게, 도체 내부의 전기장은 0이다.
- 도체에 대전된 전하는 도체 표면에만 분포한다.
- 대전되어 있는 도체 덩어리의 표면 가까이 바로 외부에 존재하는 전기장은 표면에 수직이며 ρ_s를 표면 전하밀도라 할 때 그 크기는 $E = \dfrac{\rho_s}{\epsilon_0}$이다.

- 불규칙한 모양의 도체의 경우, 표면 전하밀도 ρ_s는 곡률 반경이 작을수록(곡률은 클수록) 즉, 뾰족한 곳 일수록 크다. 따라서 전기장의 세기도 곡률 반경이 작은(곡률이 큰) 부분일수록 크다.

공학도를 위한
전기자기학

전위와 정전용량

CHAPTER 03 전위와 정전용량

3.1 전위와 전위차

■1 전기적 위치 에너지

두 개의 양전하 $+Q$과 $+q$가 거리 r만큼 떨어져 있다고 가정하자. 그러면 이 두 전하 사이에는 척력 $\vec{F}$가 작용하게 되는데, 여기에 강제로 척력 $\vec{F}$와 반대 방향인 $-\vec{F}$의 힘을 가하여 두 전하 사이의 척력이 0인 무한 원점 $(r=\infty)$으로부터 두 전하 사이의 거리가 r만큼 되도록 옮기는데 필요한 일 W 는 다음과 같다.

$$W = \int_{\infty}^{r} -\vec{F} \cdot \overrightarrow{dr} = \int_{r}^{\infty} \vec{F} \cdot \overrightarrow{dr} = \frac{Qq}{4\pi\epsilon_0} \int_{r}^{\infty} \frac{dr}{r^2} = \frac{Qq}{4\pi\epsilon_0 r}$$

한편, 이 경우 소요된 일 $W[Joule]$을 r에서의 전기적 위치에너지 U 라 한다.

$$U = \frac{Qq}{4\pi\epsilon_0 r} \, [Joule]$$

2 전위(Electric Potential)

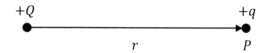

위 그림에서 전하 Q에 의한 위치 P에서의 전위는 다음과 같이 전하 Q에 의한 전기장 내에서 시험전하 q를 두 전하 사이의 척력이 0 무한 원점 $(r = \infty)$으로부터 두 전하 사이의 거리가 r만큼 되는 위치 P로 옮기는데 소요된 전기적 위치에너지 U를 사용하여 정의된다.

$$V = V_{P,Q} = \frac{U}{q} = \int_{\infty}^{r} -\overrightarrow{E} \cdot \overrightarrow{dr} = \int_{r}^{\infty} \overrightarrow{E} \cdot \overrightarrow{dr} = \int_{r}^{\infty} \frac{Q}{4\pi\epsilon_0 r^2} \hat{r} \cdot \overrightarrow{dr}\hat{r}$$

$$= \frac{Q}{4\pi\epsilon_0} \int_{r}^{\infty} \frac{dr}{r^2} = \frac{Q}{4\pi\epsilon_0 r} \left[\frac{J}{C} = Volt \right]$$

여기서 명심해야할 사항이 있다. 전위는 그 크기만 놓고 보면 양의 단위전하 즉 $1C$의 시험전하를 척력이 0인 무한 원점 $(r = \infty)$으로부터 두 전하 사이의 거리가 r만큼 되는 위치 P로 옮기는데 소요된 전기적 위치에너지와 같다. 그러나 전위의 단위 $[J/C]$를 보면 알겠지만 전위는 에너지가 아니다. 전위는 그 전위에 존재하는 전하가 정해지면 그 전하가 갖게 되는 위치에너지를 알려준다.

전기장(Electric Field)에서 전위(Electric Potential) V인 위치 P에 존재하는 전하량 q인 전하가 갖는 위치에너지 U는 다음과 같다.

$$U = qV \ [Joule]$$

한편, 중력장(Gravitational Field)에서 지상으로부터 h에 존재하는 질량 m인 물체가 갖는 중력 위치에너지 U는 다음과 같다.

$$U = mgh \ [Joule]$$

따라서 전기장에 대한 전위(電位: Electric Potential) V는 중력장에 대하여 생각하는 경우 gh(일단 重位: Gravitational Potential 이라 해두자!)와 유사한 개념이라는 흥미로운 사실을 알 수 있다.

1 C 의 전하에 1 V 전위 변화가 생기는 경우 1 J 의 에너지를 얻거나 잃게 됨을 의미한다.

여기서, 전자 Volt(Electron Volt)라는 에너지 단위를 생각해 보자.

$$1\,eV = 1.602 \times 10^{-19}\,[C \cdot V] = 1.602 \times 10^{-19}\,[Joule]$$

1 eV는 1개의 전자(전하량 1.602×10^{-19} C)에 1 V 전위 변화가 생기는 경우에 수반되는 에너지 변화를 의미하는 매우 작은 에너지 단위로서 물리학, 물리전자공학, 재료과학 등의 분야에서 전자 또는 양성자 등이 얻거나 잃는 매우 작은 에너지를 취급할 때 편리하게 사용된다.

한 개 이상 전하에 의한 전위는 중첩의 원리가 성립한다.

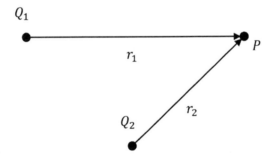

한 개 이상의 전하에 의해서 생성되는 위치 p에서의 전위는 각 각의 점 전하가 만드는 전위를 더하여 다음과 같이 구할 수 있다.

$$V_p = V_{P,Q_1} + V_{P,Q_2}$$

3 전위차(Electric Potential Difference)

전기장을 이겨내면서 전기장의 반대방향으로 위치 B 에서 위치 A 로 양의 전하를 움직일 때 위치에너지의 차이는 다음과 같이 구해진다.

$$\triangle U = -q \int_{B}^{A} \vec{E} \cdot \vec{dl}$$

위치 에너지에서 전위를 생각할 때와 같은 원리로 두 위치 사이의 전위차는 다음과 같이 정의될 수 있다

$$\triangle V = V_{A} - V_{B} = V_{AB} = \frac{\triangle U}{q} = -\int_{B}^{A} \vec{E} \cdot \vec{dl}$$

양전하가 전기장과 반대 방향으로 이동하면 전기적 위치에너지가 증가하는 것으로 생각할 수 있다.

4 전위로부터 전기장의 계산

$$\vec{E} = \frac{Q}{4\pi\epsilon_0 r^2}\hat{r} \;,\;\; V = \frac{Q}{4\pi\epsilon_0 r}$$

$\hat{r}$ 이 전하 Q 가 놓인 위치에서 위치 P 방향의 단위 Vector일 때, 전기장 E 와 전위 V 를 나타내는 위식을 관찰하면 다음의 사실을 알 수 있다.

$$\frac{dV}{dr}\hat{r} = -\frac{Q}{4\pi\epsilon_0 r^2}\hat{r} \quad \rightarrow \quad \vec{E} = -\frac{dV}{dr}\hat{r}$$

이것을 직각 좌표계에서의 세 축 방향으로 일반화하면 전기장과 전위의 관계를 다음과 같이 전위의 음(−)의 기울기(Gradient)로 정리할 수 있다.

$$\vec{E} = E_x\hat{x} + E_y\hat{y} + E_z\hat{z} = -\left(\frac{\partial V}{\partial x}\hat{x} + \frac{\partial V}{\partial y}\hat{y} + \frac{\partial V}{\partial z}\hat{z}\right) = -\nabla V(x, y, z)$$

참고로 원통 좌표계와 구 좌표계에서의 전기장과 전위의 관계를 소개하면 각각 아래와 같다.

$$\vec{E} = -\nabla V(\rho, \phi, z) = -\left(\frac{\partial V}{\partial \rho}\hat{\rho} + \frac{1}{\rho}\frac{\partial V}{\partial \phi}\hat{\phi} + \frac{\partial V}{\partial z}\hat{z}\right)$$

$$\vec{E} = -\nabla V(r, \theta, \phi) = -\left(\frac{\partial V}{\partial r}\hat{r} + \frac{1}{r}\frac{\partial V}{\partial \theta}\hat{\theta} + \frac{1}{r\sin\theta}\frac{\partial V}{\partial \phi}\hat{\phi}\right)$$

예제 전체 전하량 Q가 표면에 균일하게 대전된 내부가 비어있고(또는 차 있는) 반경이 R 인 도체 구체의 1) 외부와 2) 내부에서의 전위를 구하라.

풀이

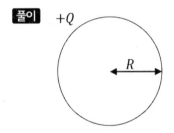

1) 내부가 빈 도체 구체의 외부($r > R$)에 구형의 가우스 폐곡면을 생각하고 가우스 법칙을 적용하면 전기장은 다음과 같이 구해진다.

$$\Psi = \oint \vec{D} \cdot \vec{ds} = 4\pi r^2 D = Q \text{ 이고 } D = \epsilon_0 E \text{ 이므로 } E = \frac{Q}{4\pi\epsilon_0 r^2}$$

따라서 전위는 다음과 같이 구할 수 있다.

$$V(r) = \int_{\infty}^{r} -\overrightarrow{E} \cdot \overrightarrow{dr} = \int_{r}^{\infty} \overrightarrow{E} \cdot \overrightarrow{dr} = \int_{r}^{\infty} \frac{Q}{4\pi\epsilon_0 r^2} \hat{r} \cdot dr\hat{r}$$

$$= \frac{Q}{4\pi\epsilon_0} \int_{r}^{\infty} \frac{dr}{r^2} = \frac{Q}{4\pi\epsilon_0 r} \, [\,Volt\,]$$

2) 내부가 빈(또는 차 있는) 도체 구체의 내부($r \leq R$)에 전기장은 0 이므로 내부의 전위는 그대로 유지된다.

$$V = \frac{Q}{4\pi\epsilon_0 R}$$

전위를 그림으로 표현하면 다음과 같다.

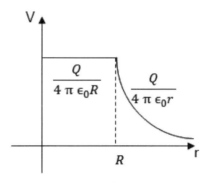

예제 부피전하 밀도가 ρ_v이고 전체 전하량 Q로 균일하게 대전되어 있는 반지름이 R인 내부가 차있는 부도체(유전율은 공기와 같은 경우) 구체가 있다. 구체의 1) 외부, 2) 표면과 3) 내부의 한 점에서 전위를 구하라.

풀이

1) 부도체 구체의 외부$(r > R)$에 구형의 가우스 폐곡면을 생각하고 가우스 법칙을 적용하면 전기장은 다음과 같다.

$$\Psi = \oint \overrightarrow{D} \cdot \overrightarrow{ds} = 4\pi r^2 D = Q \text{ 이고 } D = \epsilon_0 E \text{ 이므로 } E = \frac{Q}{4\pi \epsilon_0 r^2}$$

따라서 전위는 다음과 같이 구할 수 있다.

$$V_{out}(r) = \int_\infty^r -\overrightarrow{E} \cdot \overrightarrow{dr} = \int_r^\infty \overrightarrow{E} \cdot \overrightarrow{dr} = \int_r^\infty \frac{Q}{4\pi\epsilon_0 r^2}\hat{r} \cdot dr\hat{r}$$

$$= \frac{Q}{4\pi\epsilon_0}\int_r^\infty \frac{dr}{r^2} = \frac{Q}{4\pi\epsilon_0 r}\,[\,Volt\,]$$

2) 부도체 구체의 표면$(r = R)$에 구형의 가우스 폐곡면을 생각하고 가우스 법칙을 적용하면 전기장은 다음과 같다.

$$\Psi = \oint \overrightarrow{D} \cdot \overrightarrow{ds} = 4\pi R^2 D = Q \text{ 이고 } D = \epsilon_0 E \text{ 이므로 }$$

$$E = \frac{Q}{4\pi\epsilon_0 R^2}$$

따라서 구체의 외부와 표면$(r = R)$에서의 전기장은 연속적임을 알 수 있고 구체의 표면$(r = R)$에서의 전위는 다음과 같이 구할 수 있다.

$$V_R = \int_\infty^R -\overrightarrow{E} \cdot \overrightarrow{dr} = \int_R^\infty \overrightarrow{E} \cdot \overrightarrow{dr} = \frac{Q}{4\pi\epsilon_0}\int_R^\infty \frac{dr}{r^2}$$

$$= \frac{Q}{4\pi\epsilon_0 R}\,[\,Volt\,]$$

3) 부도체 구체의 내부$(r < R)$에 구형의 가우스 폐곡면을 생각하고 가우스 법칙을 적용하면 전기장은 다음과 같다.

우선 부피가 V_0인 구형의 가우스 폐곡면 내부의 전하 Q_{in}은 전체 전하 Q보다 작게 다음과 같이 계산된다.

$$Q_{in} = \rho_v V_0 = \rho_v \left(\frac{4}{3}\pi r^3\right)$$

$$\Psi = \oint \vec{D} \cdot \ \vec{ds} = 4\pi r^2 D = Q_{in} \text{이고} \ D = \epsilon_0 E \ \text{이므로}$$

$$E = \frac{Q_{in}}{4\pi\epsilon_0 r^2} = \frac{\rho_v\left(\frac{4}{3}\pi r^3\right)}{4\pi\epsilon_0 r^2} = \frac{\rho_v}{3\epsilon_0}r$$

그런데 $\rho_v = \dfrac{Q}{\dfrac{4}{3}\pi R^3}$ 이므로 $E = \dfrac{Q}{4\pi\epsilon_0 R^3}r$

여기에서 부도체 구체의 내부($r < R$)에서의 전위는 표면($r = R$)에서의 전위에 표면과 내부의 한 점 사이의 전위차를 더해주면 된다.

$$V_{in}(r) = V_R + \int_R^r -\vec{E} \cdot \ \vec{dr} \ = \ \frac{Q}{4\pi\epsilon_0 R} - \frac{Q}{4\pi\epsilon_0 R^3}\int_R^r r\,dr$$

$$= \frac{Q}{4\pi\epsilon_0 R} + \frac{Q}{8\pi\epsilon_0 R} - \frac{Q}{8\pi\epsilon_0 R^3}r^2 = \frac{Q}{4\pi\epsilon_0 R}\left(\frac{3}{2} - \frac{r^2}{2R^2}\right)[\,Volt\,]$$

전위를 그림으로 표현하면 다음과 같다.

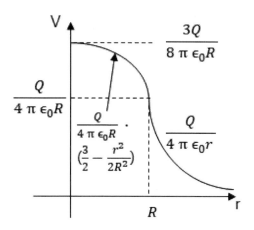

예제 아래 그림과 같이 동심 도체 구에서 내부가 차있고 반경이 $r=a$인 내부 도체 구 A를 전하 $+Q$를 갖도록 대전시키고 내부가 비어있고 각각 외부 반경이 $r=c$, 내부 반경이 $r=b$인 외부 도체 구 B를 대전시키지 않은 상태로 하였을 경우에 1) 도체 구 B의 외부와 표면 전위 2) 도체 구 A와 B 사이의 전위 차 3) 도체 구 A의 표면 전위를 구하라.

풀이

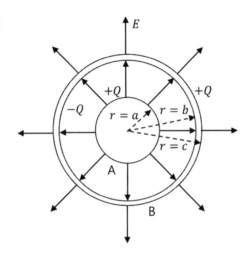

1) 도체 구 B의 외부($r \geq c$)에 구형의 가우스 폐곡면을 생각하고 가우스 법칙을 적용하면 다음과 같다.

$$\Psi = \oint \vec{D} \cdot \vec{ds} = 4\pi r^2 D = Q - Q + Q = Q \text{ 이고 } D = \epsilon_0 E \text{ 이므로}$$

$$E = \frac{Q}{4\pi\epsilon_0 r^2}$$

전기장을 Vector로 표현하면 다음과 같다.

$$\vec{E} = \frac{Q}{4\pi\epsilon_0 r^2}\hat{r}$$

따라서 전위는 다음과 같이 구할 수 있다.

$$V_{out}(r) = \int_\infty^r -\vec{E} \cdot \vec{dr} = \int_r^\infty \frac{Q}{4\pi\epsilon_0 r^2}\hat{r} \cdot dr\hat{r} = \frac{Q}{4\pi\epsilon_0} \int_r^\infty \frac{dr}{r^2}$$

$$= \frac{Q}{4\pi\epsilon_0 r} \, [\,Volt\,]$$

도체 구 B의 표면($r = c$) 전위는 다음과 같다.

$$V_c = \frac{Q}{4\pi\epsilon_0 c} \, [\,Volt\,]$$

2) 도체 구 A와 B 사이($a \leq r \leq b$)에 구형의 가우스 폐곡면을 생각하고 가우스 법칙을 적용하면 다음과 같다.

$$\Psi = \oint \vec{D} \cdot \ \vec{ds} = 4\pi r^2 D = Q \ \text{이고} \ D = \epsilon_0 E \ \text{이므로}$$

$$E = \frac{Q}{4\pi\epsilon_0 r^2}$$

전기장을 Vector로 표현하면 다음과 같다.

$$\vec{E} = \frac{Q}{4\pi\epsilon_0 r^2} \hat{r}$$

따라서 도체 구 A와 B 사이($a \leq r \leq b$)의 전위차는 다음과 같이 구할 수 있다.

$$V_{ab} = \int_b^a - \vec{E} \cdot \ \vec{dr} = \int_a^b \frac{Q}{4\pi\epsilon_0 r^2} \hat{r} \cdot \ dr\hat{r} = \frac{Q}{4\pi\epsilon_0} \int_a^b \frac{dr}{r^2}$$

$$= \frac{Q}{4\pi\epsilon_0}(\frac{1}{a} - \frac{1}{b}) \, [\,Volt\,]$$

이 결과로부터 도체 구 A와 B 사이($a \leq r \leq b$)의 전위는 다음과 같이 구할 수 있다.

$$V(r) = \frac{Q}{4\pi\epsilon_0}(\frac{1}{a} - \frac{1}{b} + \frac{1}{c}) - \frac{Q}{4\pi\epsilon_0}(\frac{1}{a} - \frac{1}{r})$$

3) 도체 구 A의 표면($r = a$)에서의 전위는 다음과 같다.

$$V_a = V_{ab} + V_{bc} + V_c = \frac{Q}{4\pi\epsilon_0}(\frac{1}{a} - \frac{1}{b}) + 0 + \frac{Q}{4\pi\epsilon_0 c}$$

$$= \frac{Q}{4\pi\epsilon_0}(\frac{1}{a} - \frac{1}{b} + \frac{1}{c}) \, [\,Volt\,]$$

전위를 그림으로 표현하면 다음과 같다.

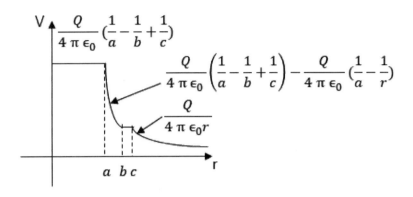

예제

아래 그림과 같이 동심 도체 구에서 내부가 차있고 반경이 $r = a$인 내부 도체 구 A를 대전시키지 않고 내부가 비어있고 각각 외부 반경이 $r = c$, 내부 반경이 $r = b$인 외부 도체 구 B를 전하 $+ Q$를 갖도록 대전시킨 상태로 하였을 경우에 1) 도체 구 B의 외부와 표면 전위 2) 도체 구 A와 B 사이의 전위차 3) 도체 구 A의 표면 전위를 구하라.

풀이

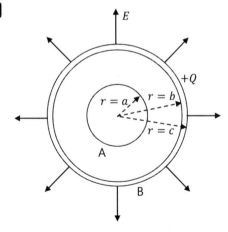

1) 도체 구 B의 외부($r \geq c$)에 구형의 가우스 폐곡면을 생각하고 가우스 법칙을 적용하면 다음과 같다.

$$\Psi = \oint \vec{D} \cdot \vec{ds} = 4\pi r^2 D = Q \text{ 이고 } D = \epsilon_0 E \text{ 이므로 } E = \frac{Q}{4\pi\epsilon_0 r^2}$$

전기장을 Vector로 표현하면 다음과 같다.

$$\vec{E} = \frac{Q}{4\pi\epsilon_0 r^2}\hat{r}$$

따라서 전위는 다음과 같이 구할 수 있다.

$$V_{out}(r) = \int_{\infty}^{r} -\vec{E} \cdot \vec{dr} = \int_{r}^{\infty} \frac{Q}{4\pi\epsilon_0 r^2}\hat{r} \cdot dr\hat{r} = \frac{Q}{4\pi\epsilon_0} \int_{r}^{\infty} \frac{dr}{r^2}$$

$$= \frac{Q}{4\pi\epsilon_0 r}[Volt]$$

도체 구 B의 표면($r = c$) 전위는 다음과 같다.

$$V_c = \frac{Q}{4\pi\epsilon_0 c}[Volt]$$

2) 도체 구 A와 B 사이($a \leq r \leq b$)에 구형의 가우스 폐곡면을 생각하고 가우스 법칙을 적용하면 다음과 같다.

$$\Psi = \oint \vec{D} \cdot \vec{ds} = 4\pi r^2 D = 0 \text{ 이고 } D = \epsilon_0 E \text{ 이므로 } E = 0$$

따라서 도체 구 A와 B 사이($a \leq r \leq b$)의 전위차는 다음과 같이 구할 수 있다.

$$V_{ab} = 0$$

3) 도체 구 A의 표면($r = a$)에서의 전위는 다음과 같다.

$$V_a = V_{ab} + V_{bc} + V_c = 0 + 0 + \frac{Q}{4\pi\epsilon_0 c} = \frac{Q}{4\pi\epsilon_0 c}[Volt]$$

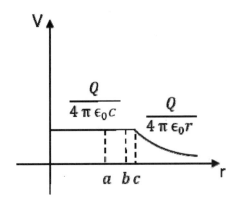

아래 그림과 같이 동심 도체 구에서 내부가 차있고 반경이 $r=a$인 내부 도체 구 A를 전하 $+Q$를 갖도록 대전시키고 각각 외부 반경이 $r=c$, 내부 반경이 $r=b$인 외부 도체 구 B를 전하 $-Q$를 갖도록 대전시킨 상태로 하였을 경우에 1) 도체 구 B의 외부와 표면 전위 2) 도체 구 A와 B 사이의 전위차 3) 도체 구 A의 표면 전위를 구하라.

풀이

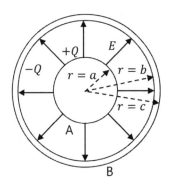

정전기력에 의하여 도체 구 A의 표면에 전하 $+Q$가 도체 구 B의 내부 표면에 전하 $-Q$가 각각 분포한다.

1) 도체 구 B의 외부($r \geq c$)에 구형의 가우스 폐곡면을 생각하고 가우스 법칙을 적용하면 다음과 같다.

$$\Psi = \oint \overrightarrow{D} \cdot \overrightarrow{ds} = 4\pi r^2 D = -Q + Q = 0 \quad \text{이고} \quad D = \epsilon_0 E \quad \text{이므로}$$

$$E = 0$$

따라서 전위는 다음과 같이 구할 수 있다.

$$V_{out}(r) = 0 \, [Volt]$$

도체 구 B의 표면($r = c$) 전위는 다음과 같다.

$$V_c = 0 \, [Volt]$$

2) 도체 구 A와 B 사이($a \leq r \leq b$)에 구형의 가우스 폐곡면을 생각하고 가우스 법칙을 적용하면 다음과 같다.

$$\Psi = \oint \overrightarrow{D} \cdot \overrightarrow{ds} = 4\pi r^2 D = Q \text{ 이고 } D = \epsilon_0 E \text{ 이므로 } E = \frac{Q}{4\pi\epsilon_0 r^2}$$

전기장을 Vector로 표현하면 다음과 같다.

$$\overrightarrow{E} = \frac{Q}{4\pi\epsilon_0 r^2} \hat{r}$$

따라서 도체 구 A와 B 사이($a \leq r \leq b$)의 전위차는 다음과 같이 구할 수 있다.

$$V_{ab} = \int_b^a -\overrightarrow{E} \cdot \overrightarrow{dr} = \int_a^b \frac{Q}{4\pi\epsilon_0 r^2} \hat{r} \cdot dr\hat{r} = \frac{Q}{4\pi\epsilon_0} \int_a^b \frac{dr}{r^2}$$

$$= \frac{Q}{4\pi\epsilon_0}\left(\frac{1}{a} - \frac{1}{b}\right) [Volt]$$

이 결과로부터 도체 구 A와 B 사이($a \leq r \leq b$)의 전위는 다음과 같이 구할 수 있다.

$$V(r) = \frac{Q}{4\pi\epsilon_0}(\frac{1}{a} - \frac{1}{b}) - \frac{Q}{4\pi\epsilon_0}(\frac{1}{a} - \frac{1}{r})$$

3) 도체 구 A의 표면($r = a$)에서의 전위는 다음과 같다.

$$V_a = V_{ab} + V_{bc} + V_c = \frac{Q}{4\pi\epsilon_0}(\frac{1}{a} - \frac{1}{b}) + 0 + 0$$

$$= \frac{Q}{4\pi\epsilon_0}(\frac{1}{a} - \frac{1}{b})\,[Volt]$$

전위를 그림으로 표현하면 다음과 같다.

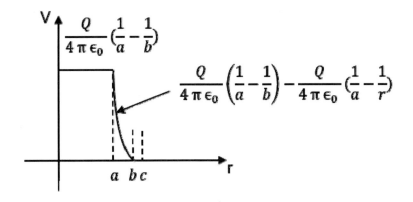

예제 선 전하 밀도 ρ_l로 고르게 대전되어 있는 무한 길이의 선 전하에 의한 전기장을 생각하고 직선도체에서 반경 방향으로 위치 $B(\rho = \rho_2)$ 에서 위치 $A(\rho = \rho_1)$ 로 전기장을 거슬러($\rho_1 \leq \rho_2$) 양의 전하를 움직일 때 전위차 V_{AB}를 구하라.

풀이

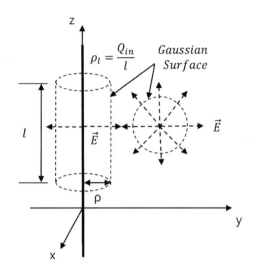

무한길이의 선 전하를 원통의 중심에 두고 감싸는 반경이 ρ이고 길이가 l인 원통형의 가우스 평면을 생각한다. 원통의 면적 소 벡터는 모두 원통의 바깥 방향을 향하도록 즉, 뚜껑 부위는 선 전하의 길이 방향과 같은 방향을, 측면은 원통의 중심축으로부터 방사상으로 전기장과 같은 방향이 되도록 잡을 수 있다. 전기장의 방향이 선 전하의 중심으로부터 방사상으로 향하는 방향이고, 선 전하의 길이 방향의 전기장은 0이라는 사실을 고려하면 Gauss 법칙을 적용하여 다음과 같이 계산할 수 있다.

선 전하 밀도는 $\rho_l = \dfrac{Q_{in}}{l} \left[\dfrac{C}{m} \right]$ 이고

$\Psi = \oint \overrightarrow{D} \cdot \overrightarrow{ds} = 2\pi\rho l D = Q_{in} = \rho_l l$ 이고 $D = \epsilon_0 E$ 이므로

$E = \dfrac{\rho_l}{2\pi\epsilon_0 \rho}$

직선도체에서 반경 방향으로 위치 $B(\rho = \rho_2)$ 에서 위치 $A(\rho = \rho_1)$ 로 전기장을 거슬러($\rho_1 \leq \rho_2$) 양의 전하를 움직일 때 전위차 V_{AB}는 다음과 같이 구할 수 있다.

$$V_{AB} = \int_{\rho_2}^{\rho_1} -\vec{E} \cdot \overrightarrow{d\rho} = \int_{\rho_2}^{\rho_1} -\frac{\rho_l}{2\pi\epsilon_0\rho}\hat{\rho} \cdot d\rho\,\hat{\rho}$$

$$= -\frac{\rho_l}{2\pi\epsilon_0} \int_{\rho_2}^{\rho_1} \frac{d\rho}{\rho} = \frac{\rho_l}{2\pi\epsilon_0}(\ln\frac{\rho_2}{\rho_1})\,[\,Volt\,]$$

점 전하의 경우 또는 구체에 전하가 분포된 경우에는 전하로부터 무한원점에서의 전위가 0으로서 이를 기준 전위로 하여 임의의 위치에서의 전위를 정의할 수 있지만 선 전하 밀도 ρ_l로 고르게 대전되어 있는 무한 길이의 선 전하의 경우에는 그렇지 않음을, 즉 무한 원점에서의 전위가 0이 되지 않음을 주목하자.

여기에서 선 전하 밀도 ρ_l로 고르게 대전되어 있는 무한 길이의 선 전하에 의한 전기장에서 직선도체에서 반경 방향으로 임의의 위치 P에서의 전위는 정의할 수 없으며 직선도체에서 반경 방향으로 임의의 위치 B ($\rho = \rho_2$)를 기준점으로 하여 위치 $B(\rho = \rho_2)$에서 또 다른 위치 A ($\rho = \rho_1$) 로 전기장을 거슬러($\rho_1 \leq \rho_2$) 양의 전하를 움직일 때의 전위차 V_{AB}를 생각할 수 있음을 생각하자.

만약 임의의 위치 $A(\rho = \rho_1)$ 즉, 무한 선전하가 있는 위치와 가까운 위치를 기준점으로 하여 위치 $A(\rho = \rho_1)$에서 또 다른 임의의 위치 B ($\rho = \rho$) 로 전기장을 따라서($\rho_1 \leq \rho$) 양의 전하를 움직일 경우를 생각하면 임의의 위치에서의 전위를 다음과 같이 구할 수 있으며 그 값이 음인 것은 전기장이 일을 한 것으로 생각할 수 있을 것이다.

$$V(\rho) = \int_{\rho_1}^{\rho} -\vec{E} \cdot \vec{d\rho} = \int_{\rho_1}^{\rho} -\frac{\rho_l}{2\pi\epsilon_0\rho}\hat{\rho} \cdot d\rho\,\hat{\rho} = -\frac{\rho_l}{2\pi\epsilon_0}\int_{\rho_1}^{\rho}\frac{d\rho}{\rho}$$

$$= -\frac{\rho_l}{2\pi\epsilon_0}(\ln\frac{\rho}{\rho_1})\,[\,Volt\,]$$

> **예제** 선 전하 밀도가 ρ_l로 균일하게 대전되어 있는 반지름이 R인 내부가 차있거나 비어 있는 도체(유전율은 공기와 같은 경우)인 무한 길이의 원주형 대전체가 있다. 기준 점을 $\rho = R$로 할 때 이 점에서의 전위와 무한 길이 대전체의 1) 외부($\rho > R$), 2) 표면($\rho = R$)과 3) 내부($\rho < R$)의 한 점에서 전위차를 구하라.

풀이

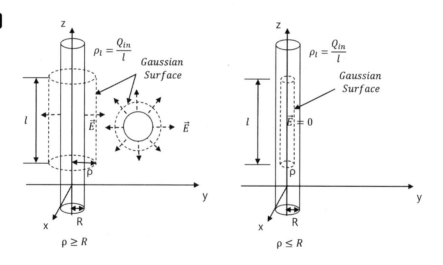

1) 원주형 도체 대전체의 외부($\rho > R$)에 길이가 l인 원주형의 가우스 폐곡면을 생각하고 가우스 법칙을 적용하면 다음과 같다.

$$\Psi = \oint \vec{D} \cdot \vec{ds} = 2\pi\rho l D = Q_{in} = \rho_l l \ \text{이고} \ D = \epsilon_0 E \ \text{이므로}$$

$$E = \frac{\rho_l}{2\pi\epsilon_0\rho}$$

기준 점($\rho = R$)에서의 전위와 무한 길이 대전체의 외부($\rho > R$)의 임의의 한 점 사이의 전위차는 다음과 같다.

$$V(\rho) = \int_R^\rho -\overrightarrow{E} \cdot \overrightarrow{d\rho} = \int_R^\rho -\frac{\rho_l}{2\pi\epsilon_0\rho}\hat{\rho} \cdot d\rho\,\hat{\rho}$$

$$= -\frac{\rho_l}{2\pi\epsilon_0}\int_R^\rho \frac{d\rho}{\rho} = -\frac{\rho_l}{2\pi\epsilon_0}(\ln\frac{\rho}{R})\,[\,Volt\,]$$

전위차가 음의 값을 가져야 한다는 사실에 주목하자.

만약 기준 점을 무한 길이 대전체의 외부($\rho > R$)의 한 점으로 하고 무한 길이 대전체의 외부($\rho > R$)에서의 전위와 표면의 ($\rho > R$)의 한 점 사이의 전위차를 구하면 다음과 같이 양의 값을 갖게 된다.

$$V(\rho) = \int_\rho^R -\overrightarrow{E} \cdot \overrightarrow{d\rho} = \int_\rho^R -\frac{\rho_l}{2\pi\epsilon_0\rho}\hat{\rho} \cdot d\rho\,\hat{\rho}$$

$$= -\frac{\rho_l}{2\pi\epsilon_0}\int_\rho^R \frac{d\rho}{\rho} = \frac{\rho_l}{2\pi\epsilon_0}(\ln\frac{\rho}{R})\,[\,Volt\,]$$

2) 기준 점($\rho = R$)에서의 전위와 무한 길이 대전체의 표면($\rho = R$)에서의 전위차는 당연히 0이 된다.
기준 점을 무한 길이 대전체의 외부($\rho > R$)의 한 점으로 하면 표면에서의 전위차는 1)에서 구한 값을 그대로 유지한다.

3) 기준 점($\rho = R$)에서의 전위와 무한 길이 대전체의 내부($\rho < R$)의 임의의 한 점 사이의 전위차는 도체 내부의 전기장이 0이므로 0이 된다.

역시 기준 점을 무한 길이 대전체의 외부($\rho > R$)의 한 점으로 하면 금속 도체 내부에서의 전기장이 0이므로 기준 점과 도체 내부의 한 점과의 전위차는 1)에서 구한 값을 그대로 유지한다.

예제 선 전하 밀도가 ρ_l로 균일하게 대전되어 있는 반지름이 R인 내부가 차있는 부도체(유전율은 공기와 같은 경우)인 무한 길이의 원주형 대전체가 있다. 무한 길이 대전체의 1) 외부, 2) 표면과 3) 내부의 한 점에서 전위차를 구하라.

풀이

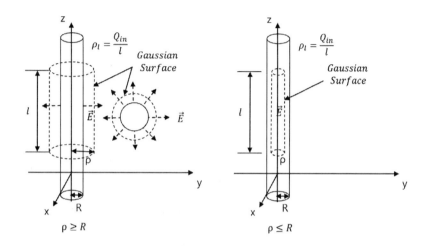

$\rho \ge R$ $\qquad\qquad\qquad$ $\rho \le R$

1) 원주형 부도체 대전체의 외부($\rho > R$)에 길이가 l인 원주형의 가우스 폐곡면을 생각하고 가우스 법칙을 적용하면 다음과 같다.

$$\Psi = \oint \vec{D} \cdot \vec{ds} = 2\pi \rho l D = Q_{in} = \rho_l l \text{ 이고 } D = \epsilon_0 E \text{ 이므로}$$

$$E = \frac{\rho_l}{2\pi\epsilon_0 \rho}$$

만약 기준 점을 무한 길이 대전체의 외부($\rho > R$)의 한 점으로 하고 무한 길이 대전체의 외부($\rho > R$)에서의 전위와 표면의 ($\rho = R$)의 한 점 사이의 전위차를 구하면 다음과 같이 양의 값을 갖게 된다.

$$V(\rho) = \int_\rho^R -\vec{E} \cdot \vec{d\rho} = \int_\rho^R -\frac{\rho_l}{2\pi\epsilon_0 \rho}\hat{\rho} \cdot d\rho\,\hat{\rho}$$

$$= -\frac{\rho_l}{2\pi\epsilon_0} \int_\rho^R \frac{d\rho}{\rho} = \frac{\rho_l}{2\pi\epsilon_0}(\ln\frac{\rho}{R})\,[\,Volt\,]$$

2) 원주형 부도체 대전체의 표면($\rho = R$)에 길이가 l인 원주형의 가우스 폐곡면을 생각하고 가우스 법칙을 적용하면 다음과 같다.

$$\Psi = \oint \vec{D} \cdot \vec{ds} = 2\pi R l D = Q_{in} = \rho_l l \text{ 이고 } D = \epsilon_0 E \text{ 이므로}$$

$$E = \frac{\rho_l}{2\pi\epsilon_0 R}$$

기준 점을 무한 길이 대전체의 외부($\rho > R$)의 한 점으로 하면 표면에서의 전위차는 1)에서 구한 값을 그대로 유지한다.

3) 원주형 부도체 대전체의 내부($r < R$)에 길이가 l인 원주형의 가우스 폐곡면을 생각하고 가우스 법칙을 적용하면 다음과 같다.

우선 부피가 V_0인 원주형의 가우스 폐곡면 내부의 전하 Q_{in}은 부피가 V인 원주형 선 전하내의 길이가 l인 부분의 전체 전하 $Q = \rho_l l$ 보다 작게 다음과 같이 계산된다.

$$Q_{in} = \rho_v V_0 = \frac{\rho_l l}{V} V_0 = \rho_l l \left(\frac{\pi \rho^2 l}{\pi R^2 l} \right)$$

$$\Psi = \oint \vec{D} \cdot \vec{ds} = 2\pi \rho l D = Q_{in} \text{ 이고 } D = \epsilon_0 E \text{ 이므로}$$

$$E = \frac{Q_{in}}{2\pi\epsilon_0 \rho l} = \frac{\rho_l l \left(\dfrac{\rho^2}{R^2} \right)}{2\pi\epsilon_0 \rho l} = \frac{\rho_l}{2\pi\epsilon_0 R^2} \rho$$

만약 기준 점을 무한 길이 대전체의 외부($\rho_1 > R$)의 한 점 B로 하고 무한 길이 대전체의 외부와 표면($\rho = R$)을 지나 무한 길이 대전체의 내부($\rho_2 < R$)의 한 점 A 사이의 전위차를 구하면 다음과 같이 양의 값을 갖게 된다.

$$V_{AB} = \int_{\rho_1}^{\rho_2} -\vec{E} \cdot \overrightarrow{d\rho} = \int_{\rho_1}^{R} -\frac{\rho_l}{2\pi\epsilon_0\rho} d\rho + \int_{R}^{\rho_2} -\frac{\rho_l}{2\pi\epsilon_0 R^2}\rho\, d\rho$$

$$= -\frac{\rho_l}{2\pi\epsilon_0}\int_{\rho_1}^{R}\frac{d\rho}{\rho} - \frac{\rho_l}{2\pi\epsilon_0 R^2}\int_{R}^{\rho_2}\rho\, d\rho$$

$$= \frac{\rho_l}{2\pi\epsilon_0}(\ln\frac{\rho_1}{R}) + \frac{\rho_l}{4\pi\epsilon_0 R^2}(R^2 - \rho_2^2)\,[\,Volt\,]$$

예제 yz**평면상**$(x=0)$**에 표면전하 밀도** ρ_s**로 고르게 대전되어 있는 무한 평면 대전체에 의한 전위를 구하라.**

풀이

무한 평면을 내 외부로 감싸는 뚜껑 부위의 면적이 A인 원통형의 가우스 평면을 생각한다. 원통 표면의 면적요소 벡터는 모두 원통의 바깥 방향을 향하도록 즉, 뚜껑 부위는 표면 전기장과 같은 방향을, 측면은 원통의 중심축으로 부터 방사상으로 전기장과 수직이 되도록 잡을 수 있다. 무한 평면을 중심으로 양쪽으로 서로 반대 방향으로 전기장이 발생한다는 사실을 고려하면 Gauss 법칙을 적용하여 다음과 같이 계산할 수 있다.

표면전하 밀도는 $\rho_s = \dfrac{Q_{in}}{A}\left[\dfrac{C}{m^2}\right]$ 이고

$\Psi = \displaystyle\oint \vec{D} \cdot \ \vec{ds} = 2AD = Q_{in} = \rho_s A$ 이고 $D = \epsilon_0 E$ 이므로

$E = \dfrac{\rho_s}{2\epsilon_0}$

전기장을 Vector로 표현하면 다음과 같다.

$\vec{E} = +\dfrac{\rho_s}{2\epsilon_0}\hat{x}\,(x>0),\ -\dfrac{\rho_s}{2\epsilon_0}\hat{x}\,(x<0)$

전위의 기준점을 $x=0$로 할 때 이 전기장에 의한 임의의 위치에서의 전위는 다음과 같다.

$V(x) = -\dfrac{\rho_s}{2\epsilon_0}x\,(x>0),\ +\dfrac{\rho_s}{2\epsilon_0}x\,(x<0)$

예제 yz평면상에 $x=0$와 $x=a$에 각 각 표면전하 밀도 ρ_s와 $-\rho_s$로 고르게 대전되어 마주 보고 있는 두 개의 무한 평면 대전체에 의한 전위를 구하라.

풀이

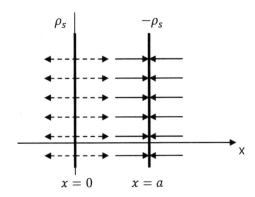

균일하게 대전된 무한 평면 전하에 의한 전기장의 세기는 평면으로부터 어떤 거리에 있더라도 $E = \dfrac{\rho_s}{2\epsilon_0}$ 이며 어느 위치에서나 전기장은 균일하다. 따라서 표면전하밀도 $+\rho_s$ 로 대전된 무한 평면 전하에 의한 전기장의 세기는 평면으로부터 $E = +\dfrac{\rho_s}{2\epsilon_0}$ 이며 표면전하밀도 $-\rho_s$ 로 대전된 무한 평면 전하에 의한 전기장의 세기는 평면으로부터 $E = -\dfrac{\rho_s}{2\epsilon_0}$ 이다.

두 평판 바깥 영역에서는 서로 상쇄되어 소멸되고 두 평판 사이에서는 서로 더해지므로 전기장은 다음과 같이 구해진다.

$$E = \frac{\rho_s}{2\epsilon_0} + \frac{\rho_s}{2\epsilon_0} = +\frac{\rho_s}{\epsilon_0} \ (a \text{ 만큼 떨어진 두 평판 사이의 영역})$$

전기장을 Vector로 표현하면 다음과 같다.

$$\overrightarrow{E} = +\frac{\rho_s}{\epsilon_0}\hat{x}\,(0 < x < a),\, 0\,(x < 0, x > a)$$

전위의 기준점을 $x = 0$로 할 때 이 전기장에 의한 임의의 위치에서의 전위는 다음과 같다.

$$V(x) = \int_0^x -\overrightarrow{E}\cdot \ \overrightarrow{dx} = \int_0^x -\frac{\rho_s}{\epsilon_0}\hat{x}\cdot \ dx\hat{x} = -\frac{\rho_s}{\epsilon_0}x\,(0 \le \ x \le \ a)$$

그림처럼 반지름이 각각 R_A와 $R_B(=5R_A)$인 도체 구가 이 두 반지름보다 훨씬 큰 거리에 떨어져 있고, 이 두 도체 구는 도선으로 연결되어 있다. 평형 상태에서 두 도체 구의 전하가 각각 Q_A와 Q_B이고, 두 도체 구에 균일하게 대전되어 있다고 하자. 이 두 도체 구 표면에서의 전기장의 크기의 비는 어떻게 되겠는가?

풀이

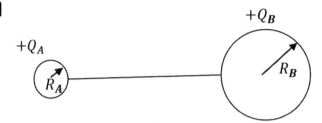

두 도체는 도선으로 연결되어 있기 때문에 같은 전위를 갖는다.

즉, $V_A = \dfrac{Q_A}{4\pi\epsilon_0 R_A} = V_B = \dfrac{Q_B}{4\pi\epsilon_0 R_B}$ 이며 따라서 $\dfrac{R_B}{R_A} = \dfrac{Q_B}{Q_A}$ 이 된다.

여기서 $R_B = 5R_A$ 임을 고려하면 $Q_B = 5Q_A$ 이 된다.

그런데 도체의 표면 전하밀도가 $\rho_s = \dfrac{Q}{4\pi R^2}$ 이므로, $\rho_{sB} = \dfrac{1}{5}\rho_{sA}$ 이 된다. 즉, 반지름이 크면 면적전하 밀도는 작아지는 것을 알 수 있다. 이상의 결과를 종합하면, 두 도체 구 표면에서의 전기장과 그 크기의 비는 다음과 같다.

$$E_A = k_e \frac{Q_A}{R_A^2}, \ E_B = k_e \frac{Q_B}{R_B^2} \ \text{이므로} \ \frac{E_A}{E_B} = \frac{Q_A}{Q_B} \frac{R_B^2}{R_A^2} = \frac{25}{5}(=5)\text{가 된다.}$$

여기서 위 그림의 두 도체 구를 연결하는 도선이 점 점 더 짧아져서 두 도체가 붙는 상황을 생각해 보자. 작은 도체 구 여러 개가 같은 방법으로 큰 도체 구에 붙게 되면 큰 도체에 작은 도체가 붙어 있는 형태의 도체를 생각할 수 있을 것이다.

이 표면에서 작은 도체가 붙어서 만들어진 것으로 볼 수 있는 부분 즉, 곡률 반경이 작은 곳(곡률이 큰 곳)이 다른 곳 보다 면적전하 밀도가 높다는 것을 알 수 있다.

도체의 표면 전하밀도가 ρ_s 인 경우

$\Psi = \oint \vec{D} \cdot \vec{ds} = DA = Q_{in} = \rho_s A$ 이고

$D = \epsilon_0 E$ 이므로 $E = \dfrac{\rho_s}{\epsilon_0}$ 이므로

곡률 반경이 작은 곳(곡률이 큰 곳)의 전기장이 전하 밀도에 비례하여 더 크다는 사실을 알 수 있다.

5 푸아송(Poisson) 방정식, 라플라스(Laplace) 방정식

가우스 법칙(Gauss' Law)과 발산 정리(Divergence's Theorem)를 이용하면 가우스 법칙은 다음과 같이 표현된다.

$$\oint \vec{E} \cdot \vec{ds} = \int_V (\nabla \cdot \vec{E}) dv = \frac{1}{\epsilon} \int_V \rho_v \, dv$$

위 식에서 체적적분 항 두개를 비교하여 다음과 같이 미분형의 가우스 정리를 얻을 수 있다.

$$\nabla \cdot \vec{E} = \frac{\rho_v}{\epsilon}$$

한편 $\vec{E} = -\nabla V$ 임을 고려하면 전위에 관한 다음의 방정식을 얻는다.

$$\nabla \cdot \nabla V = \nabla^2 V = -\frac{\rho_v}{\epsilon}$$

여기서 $\nabla^2 V$를 Laplacian V라고 하며 위 방정식을 푸아송 방정식(Poisson's Equation)이라고 한다.

푸아송 방정식(Poisson's Equation)은 ρ_v의 전하 분포를 가지는 공간에서 전위가 따르는 법칙이다.

한편 $\rho_v = 0$의 전하 분포를 가지는 공간에서도 그 공간 외부의 전하 분포에 따라 전위가 존재할 수 있는데 이 경우 푸아송 방정식(Poisson's Equation)은 다음과 같이 변경되며 이를 따로 라플라스 방정식(Laplace's Equation)이라고 부른다.

$$\nabla^2 V = 0$$

참고로 직교 좌표계, 원통 좌표계와 구 좌표계에서의 Laplacian V를 소개하면 각각 아래와 같다.

$$\nabla^2 V(x, y, z) = \frac{\partial^2 V}{\partial x^2} + \frac{\partial^2 V}{\partial y^2} + \frac{\partial^2 V}{\partial z^2}$$

$$\nabla^2 V(\rho, \phi, z) = \frac{1}{\rho}\frac{\partial}{\partial \rho}\left(\rho\frac{\partial V}{\partial \rho}\right) + \frac{1}{\rho^2}\frac{\partial^2 V}{\partial \phi^2} + \frac{\partial^2 V}{\partial z^2}$$

$$\nabla V(r, \theta, \phi) = \frac{1}{r^2}\frac{\partial}{\partial r}\left(r^2\frac{\partial V}{\partial r}\right) + \frac{1}{r^2\sin\theta}\frac{\partial}{\partial \theta}\left(\sin\theta\frac{\partial V}{\partial \theta}\right) + \frac{1}{r^2\sin^2\theta}\frac{\partial^2 V}{\partial \phi^2}$$

여기에서 생각해 두어야 할 사항은 이론적으로 푸아송 방정식(Poisson's Equation)이나 라플라스 방정식(Laplace's Equation)을 알고 있는 것과 이 방정식들을 풀어서 전위, 전기장을 실제로 구하는 문제는 전혀 다르다는 사실이다. 실제적인 문제에 있어서는 전하의 분포 또는 전위의 경계 값에 관한 충분한 정보가 없는 경우도 많으며, 그 정보들이 있다고 하더라도 그 방정식을 푸는 과정은 몇 몇 간단한 경우 외에는 실제로 그렇게 쉽지 않음을 지적해 둔다. 여기에서는 푸아송 방정식(Poisson's Equation)이나 라플라스 방정식(Laplace's Equation)의 구체적인 풀이 과정에 대해서는 비교적 간단한 예제를 통하여 설명하도록 하겠다.

참고로 가우스 법칙(Gauss' Law)을 적용하여 전기장을 구하는 경우에도 가우스 법칙 자체는 어떠한 전하 분포에도 적용되는 일반적인 법칙이지만 전기장을 해석적인 방법으로 구하고자 할 때 대칭성(Symmetry)을 잘 이루고 있는 전하 분포를 갖는 경우 즉, 대칭성을 가지도록 가우스 폐곡면을 잡을 수 있는 전하 분포를 갖는 경우에 특별히 유용함을 설명하였다.

마찬가지로 쿨롱의 법칙(Coulomb' Law)에 기반 한 전기장의 정의 식 역시 그 자체는 어떠한 전하 분포에도 적용되는 일반적인 법칙이지만 실제로 전기장을 해석적인 방법으로 구하고자 할 때는 대표적인 점 전하, 선 전하, 면 전하 분포를 갖는 경우 외에는 그 계산이 매우 복잡하여 실제로 구하기가 매우 어렵다는 사실을 지적할 수 있다.

실제로는 쿨롱의 법칙(Coulomb' Law)에 기반 한 전기장의 정의 식을 적용하기 어려운 전하분포를 갖는 경우, 일정한 대칭성을 갖는 전하 분포에 대하여 가우스 법칙(Gauss' Law)을 적용하여 전기장과 전위를 보다 쉽게 구할 수 있다. 또한 관심 영역 외부 전하의 분포보다는 전위의 경계 값에 관한 정보로 표현하기가 용이하고 전하가 존재하지 않는 관심 영역의 전위나 전기장을 구하는 경우에는 라플라스 방정식(Laplace's Equation)을 적용하는 것이 가능하고 보다 용이하다고 볼 수 있다.

예제 yz평면상에 $x=0$와 $x=a$에 위치하여 마주 보고 있는 두 개의 무한 평면 대전체 사이의 전위차가 V_0 이다. 두 평면 대전체 사이의 영역$(0 \le x \le a)$에서의 전위 분포, 전기장과 표면전하 밀도를 구하라.

풀이

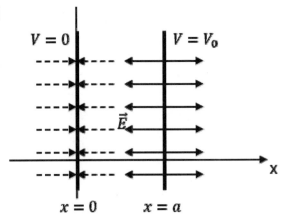

두 평면 대전체 사이의 영역 $(0 \le x \le a)$에서는 전하가 없으므로 전위 분포는 라플라스 방정식(Laplace's Equation)을 만족한다. 한편 무한 (에 준할 만큼 넓은) 평면 대전체 사이의 전위는 y 와 z에 무관하고 x에 의해서만 결정된다는 것을 알 수 있으므로 라플라스 방정식 (Laplace's Equation)은 다음과 같다.

$$\nabla^2 V(x) = \frac{\partial^2 V}{\partial x^2} = 0$$

이 식으로 부터 다음과 같은 결과를 얻는다.

$$V(x) = Ax + B$$

위 식이 만족해야하는 경계조건(Boundary Condition)은 다음과 같다.

$$V(0) = 0, \ \ V(a) = V_0$$

경계조건을 만족하는 미정계수 A와 B를 구하면 두 평면 대전체 사이의 영역 $(0 \leq x \leq a)$에서 전위는 다음과 같이 구해진다.

$$V(x) = \frac{V_0}{a}x \, (0 \leq x \leq a)$$

전위와 전기장의 관계로부터 전기장을 구하면 다음과 같다.

$$\vec{E} = -\nabla V = -\frac{V_0}{a}\hat{x} \, (0 \leq x \leq a), 0 \, (x < 0, x > a)$$

한편, yz평면상에 $x = 0$와 $x = a$에 각 각 표면전하 밀도 $-\rho_s$와 ρ_s로 고르게 대전되어 마주 보고 있는 두 개의 무한 평면 대전체에서의 전계를 다음과 같이 쿨롱의 법칙(Coulomb' Law)에 기반 한 전기장의 정의 식 또는 가우스 법칙(Gauss' Law)을 이용하여 구한 바 있다.

$$\vec{E} = -\frac{\rho_s}{\epsilon_0}\hat{x} \, (0 \leq x \leq a), 0 \, (x < 0, x > a)$$

또한 전위의 기준점을 $x = 0$로 할 때 이 전기장에 의한 임의의 위치에서의 전위는 그 정의 식에 의하여 다음과 같이 계산된다.

$$V(x) = \int_0^x -\vec{E} \cdot \vec{dx} = \int_0^x \frac{\rho_s}{\epsilon_0}\hat{x} \cdot dx\hat{x} = \frac{\rho_s}{\epsilon_0}x \, (0 \leq x \leq a)$$

따라서 yz평면상에 $x = 0$와 $x = a$에 고르게 대전된 각 각 표면전하 밀도는 각각 $-\rho_s = -\epsilon_0\frac{V_0}{a}$와 $\rho_s = \epsilon_0\frac{V_0}{a}$로 구해진다.

1 진공 중에 고립된 도체의 정전용량(Capacitance)

진공 중에 고립된 도체가 전하 $+Q[C]$로 대전되어 있을 때 이 전하로 인하여 임의의 위치에서의 전위가 $V[Volt]$가 된다면, 전하와 전위는 다음의 관계가 성립한다.

$$Q = CV \text{ 또는 } C = \frac{Q}{V} [Farad]$$

여기에서 전하와 전위 사이의 비례계수인 $C = \frac{Q}{V} [Farad]$를 정전용량(Capacitance)이라고 한다.

2 두 도체 사이의 정전용량(Capacitance)

진공 중에 두 도체가 전하 $+Q[C]$, $-Q[C]$로 각 각 대전되어 있을 때 두 도체 사이에서의 전위차가 $V_{AB}[Volt]$가 된다면, 전하와 전위차 사이에는 다음의 관계가 성립한다.

$$Q = CV_{AB} \text{ 또는 } C = \frac{Q}{V_{AB}} [Farad]$$

여기에서 전하와 전위차 사이의 비례계수인 $C = \frac{Q}{V_{AB}} [Farad]$를 정전용량이라고 한다.

3 정전용량(Capacitance)의 직렬, 병렬연결

Capacitor는 전하 $+Q[C]$, $-Q[C]$로 각 각 대전되어 있고 일정한 면적을 가지는 두 개의 평면 도체가 일정한 간격을 두고 마주하고 있는 형태로 생각할 수 있다. 정전 용량이 각 각 C_1, C_2인 Capacitor를 아래 그림과 같이 각 각 병렬연결, 직렬연결 할 수 있으며 각 각의 경우 합성 등가용량 C_{eq}와 각 각의 Capacitor의 전하 Q_1, Q_2와 전압 V_1, V_2는 다음의 관계를 갖는다.

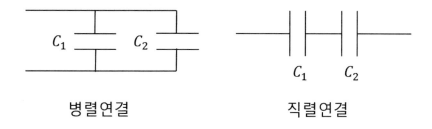

병렬연결   직렬연결

병렬연결의 경우 합성 등가용량 C_{eq}은 다음과 같다.

$$C_{eq} = C_1 + C_2$$

각 Capacitor 양단의 전압은 같으며 다음과 같은 관계를 갖는다.

$$V(= V_1 = V_2) = \frac{Q_1}{C_1} = \frac{Q_2}{C_2} = \frac{Q_1 + Q_2}{C_{eq}}$$

$$Q_1 = C_1 V = \frac{C_1}{C_{eq}}(Q_1 + Q_2) = \frac{C_1}{C_1 + C_2}(Q_1 + Q_2)$$

$$Q_2 = C_2 V = \frac{C_2}{C_{eq}}(Q_1 + Q_2) = \frac{C_2}{C_1 + C_2}(Q_1 + Q_2)$$

직렬연결의 경우 합성 등가용량 C_{eq}은 다음과 같다.

$$\frac{1}{C_{eq}} = \frac{1}{C_1} + \frac{1}{C_2} \text{이며 정리하면 } C_{eq} = \frac{C_1 C_2}{C_1 + C_2} \text{이 된다.}$$

각 Capacitor 양단의 전하량은 같으며 다음과 같은 관계를 갖는다.

$$Q(= Q_1 = Q_2) = C_1 V_1 = C_2 V_2 = C_{eq}(V_1 + V_2)$$

$$V_1 = \frac{Q}{C_1} = \frac{C_{eq}(V_1 + V_2)}{C_1} = \frac{C_2}{C_1 + C_2}(V_1 + V_2)$$

$$V_2 = \frac{Q}{C_2} = \frac{C_{eq}(V_1 + V_2)}{C_2} = \frac{C_1}{C_1 + C_2}(V_1 + V_2)$$

예제 전체 전하량 Q가 표면에 균일하게 대전된 내부가 비어있고(또는 차 있는) 반경이 R인 도체 구체의 1) 외부와 2) 내부에서의 전위와 정전용량을 구하라.

풀이

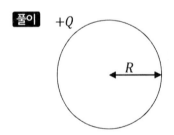

$+Q$

R

1) 내부가 빈 도체 구체의 외부($r > R$)에 구형의 가우스 폐곡면을 생각하고 가우스 법칙을 적용하면 전기장은 다음과 같이 구해진다.

$$\Psi = \oint \vec{D} \cdot \vec{ds} = 4\pi r^2 D = Q \text{ 이고 } D = \epsilon_0 E \text{ 이므로 } E = \frac{Q}{4\pi\epsilon_0 r^2}$$

전기장을 Vector로 표현하면 다음과 같다.

$$\vec{E} = \frac{Q}{4\pi\epsilon_0 r^2}\hat{r}$$

따라서 전위는 다음과 같이 구할 수 있다.

$$V(r) = \int_{\infty}^{r} -\vec{E} \cdot \vec{dr} = \int_{r}^{\infty} \vec{E} \cdot \vec{dr} = \int_{r}^{\infty} \frac{Q}{4\pi\epsilon_0 r^2}\hat{r} \cdot dr\hat{r}$$

$$= \frac{Q}{4\pi\epsilon_0} \int_{r}^{\infty} \frac{dr}{r^2} = \frac{Q}{4\pi\epsilon_0 r} \, [\,Volt\,]$$

도체 외부의 한 점과 도체 사이의 정전용량은 다음과 같다.

$$C = \frac{Q}{V} = 4\pi\epsilon_0 r \, [Farad]$$

2) 내부가 빈(또는 차 있는) 도체 구체의 내부($r \le R$)에 전기장은 0이
   므로 내부의 전위는 그대로 유지된다.

$$V = \frac{Q}{4\pi\epsilon_0 R}$$

도체 표면이나 내부의 한 점과 도체 사이의 정전용량은 다음과 같다.

$$C = \frac{Q}{V} = 4\pi\epsilon_0 R \, [Farad]$$

아래 그림과 같이 동심 도체 구에서 내부가 차있고 반경이 $r=a$인 내부 도체 구 A를 전하 $+Q$를 갖도록 대전시키고 각각 외부 반경이 $r=c$, 내부 반경이 $r=b$인 외부 도체 구 B를 전하 $-Q$를 갖도록 대전시킨 상태로 하였을 경우에 1) 도체 구 B의 외부 전위와 2) 도체 구 A와 B 사이의 전위차 3) 도체 구 A의 표면 전위를 구하고 도체 구 A와 B 사이의 정전용량을 구하라.

풀이

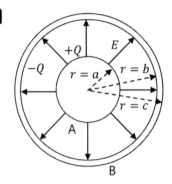

정전기력에 의하여 도체 구 A의 표면에 전하 $+Q$가 도체 구 B의 내부 표면에 전하 $-Q$가 각각 분포한다.

1) 도체 구 B의 외부($r \geq c$)에 구형의 가우스 폐곡면을 생각하고 가우스 법칙을 적용하면 다음과 같다.

$$\Psi = \oint \vec{D} \cdot \vec{ds} = 4\pi r^2 D = -Q + Q = 0 \,\text{이고}\, D = \epsilon_0 E \,\text{이므로}\, E = 0$$

따라서 전위는 다음과 같이 구할 수 있다.

$$V_{out}(r) = 0 \, [Volt]$$

도체 구 B의 표면($r=c$) 전위는 다음과 같다.

$$V_c = V_{out}(c) = 0 \, [Volt]$$

2) 도체 구 A와 B 사이($a \leq r \leq b$)에 구형의 가우스 폐곡면을 생각하고 가우스 법칙을 적용하면 다음과 같다.

$$\Psi = \oint \vec{D} \cdot \vec{ds} = 4\pi r^2 D = Q \text{ 이고 } D = \epsilon_0 E \text{ 이므로 } E = \frac{Q}{4\pi\epsilon_0 r^2}$$

전기장을 Vector로 표현하면 다음과 같다.

$$\vec{E} = \frac{Q}{4\pi\epsilon_0 r^2}\hat{r}$$

도체 구 B를 기준으로 A와 B 사이($a \leq r \leq b$)의 임의의 점에서의 전위차 $V(r)$은 다음과 같이 구할 수 있다.

$$V(r) = \int_b^r -\vec{E} \cdot \vec{dr} = \int_r^b \frac{Q}{4\pi\epsilon_0 r^2}\hat{r} \cdot dr\hat{r} = \frac{Q}{4\pi\epsilon_0}\int_r^b \frac{dr}{r^2}$$

$$= \frac{Q}{4\pi\epsilon_0}(\frac{1}{r} - \frac{1}{b})\,[\,Volt\,]$$

따라서 도체 구 A와 B 사이($a \leq r \leq b$)의 전위차 V_{AB}은 다음과 같이 구할 수 있다.

$$V_{AB} = \int_b^a -\vec{E} \cdot \vec{dr} = \int_a^b \frac{Q}{4\pi\epsilon_0 r^2}\hat{r} \cdot dr\hat{r} = \frac{Q}{4\pi\epsilon_0}\int_a^b \frac{dr}{r^2}$$

$$= \frac{Q}{4\pi\epsilon_0}(\frac{1}{a} - \frac{1}{b})\,[\,Volt\,]$$

3) 도체구 B의 외부 표면($r=c$)과 내부 표면($r=b$) 사이의 전기장은 0 이고 그 사이의 전위차 V_{bc}도 0인 사실을 고려하면, 도체 구 A의 표면($r=a$)에서의 전위 V_a는 다음과 같다.

$$V_a = V_{AB} + V_{bc} + V_c = \frac{Q}{4\pi\epsilon_0}(\frac{1}{a}-\frac{1}{b})+0+0 = \frac{Q}{4\pi\epsilon_0}(\frac{1}{a}-\frac{1}{b})\,[Volt]$$

따라서 도체 구 A와 B로 구성되는 Capacitor의 정전용량은 다음과 같이 구할 수 있다.

$$C = \frac{Q}{V_{AB}} = 4\pi\epsilon_0(\frac{1}{a}-\frac{1}{b})^{-1} = \frac{4\pi\epsilon_0}{\frac{1}{a}-\frac{1}{b}} = 4\pi\epsilon_0(\frac{ab}{b-a})\,[Farad]$$

예제 동심 도체 구에서 내부가 차있고 반경이 $r=a$인 내부 도체 구 A를 전하 $+Q$를 갖도록 대전시키고 각각 외부 반경이 $r=c$, 내부 반경이 $r=b$인 외부 도체 구 B를 전하 $-Q$를 갖도록 대전시킨 상태로 하였을 경우에 도체 구 A와 B 사이의 정전용량을 C_1으로 한다. 여기에서 만약 동심 도체 구에서 내부 도체 구 반경을 $r=10a$로 외부 도체 구 내부 반경을 $r=10b$로 바꾼다면 도체 구 A와 B 사이의 정전용량의 크기 C는 어떻게 되겠는가?

풀이
$$C = 4\pi\epsilon_0(\frac{10a\cdot 10b}{10b-10a}) = 4\pi\epsilon_0(\frac{100\,ab}{10(b-a)})$$

$$= 10\cdot 4\pi\epsilon_0(\frac{ab}{b-a}) = 10C_1\,[Farad]$$

과 같이 10배의 정전 용량을 갖게 된다.

예제 아래 그림과 같은 동축 케이블의 단면에서 내부가 차있고 반경이 $r = a$인 원통형 내부 도체 A를 길이 l당 전하 $+Q$를 갖도록 대전시키고 각각 외부 반경이 $r = c$, 내부 반경이 $r = b$인 속이 빈 외부 원통형 도체 B를 길이 l당 전하 $-Q$를 갖도록 대전시킨 상태로 하였을 경우에 도체 구 A와 B 사이의 전위차를 구하고 도체 구 A와 B 사이의 정전용량을 구하라.

풀이

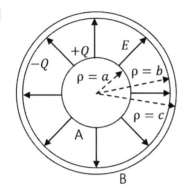

충분히 긴 길이의 동축 케이블의 내부 원통형 선 전하를 원통의 중심에 두고 감싸는 반경이 ρ이고 길이가 l인 원통형의 가우스 평면을 생각한다. 원통의 면적 소 벡터는 모두 원통의 바깥 방향을 향하도록 즉, 뚜껑 부위는 선 전하의 길이 방향과 같은 방향을, 측면은 원통의 중심축으로부터 방사상으로 전기장과 같은 방향이 되도록 잡을 수 있다. 전기장의 방향이 선 전하의 중심으로부터 방사상으로 향하는 방향이고, 선 전하의 길이 방향의 전기장은 0이라는 사실을 고려하면 Gauss 법칙을 적용하여 다음과 같이 계산할 수 있다.

여기에서 내부 유전 물질을 공기 또는 자유공간으로 생각하고 선 전하 밀도가 $\rho_l = \dfrac{Q}{l} \left[\dfrac{C}{m} \right]$임을 고려하면 아래와 같은 결과를 얻는다.

$$\Psi = \oint \overrightarrow{D} \cdot \overrightarrow{ds} = 2\pi\rho l D = Q_{in} = \rho_l l \text{ 이고 } D = \epsilon_0 E \text{ 이므로}$$

$$E = \frac{\rho_l}{2\pi\epsilon_0 \rho}$$

직선도체에서 반경 방향으로 위치 $B(\rho = b)$ 에서 위치 $A(\rho = a)$ 로 전기장을 거슬러 $(a < b)$ 양의 전하를 움직일 때 전위차 V_{AB}는 다음과 같이 구할 수 있다.

$$V_{AB} = \int_b^a -\vec{E} \cdot \vec{d\rho} = \int_b^a -\frac{\rho_l}{2\pi\epsilon_0\rho}\hat{\rho} \cdot d\rho\hat{\rho} = -\frac{\rho_l}{2\pi\epsilon_0}\int_b^a \frac{d\rho}{\rho}$$

$$= \frac{\rho_l}{2\pi\epsilon_0}(\ln\frac{b}{a}) = \frac{Q}{2\pi\epsilon_0 l}(\ln\frac{b}{a})\,[\,Volt\,]$$

따라서 동축 케이블의 내부도체 A와 외부도체 B로 구성되는 Capacitor의 정전용량은 다음과 같이 구할 수 있다.

$$C = \frac{Q}{V_{AB}} = \frac{2\pi\epsilon_0 l}{\ln(\frac{b}{a})}[\,Farad\,]$$

예제 아래 그림과 같은 동축 케이블의 단면에서 내부가 차있고 반경이 $r = a$인 원통형 내부 도체 A를 길이 l당 전하 $+Q$를 갖도록 대전시키고, 반경 $r = b$를 경계로 내부는 유전율 ϵ_1 외부는 유전율 ϵ_2 물질로 채워지도록 만들었다. 각각 외부 반경이 $r = d$, 내부 반경이 $r = c$인 속이 빈 외부 원통형 도체 B를 길이 l당 전하 $-Q$를 갖도록 대전시킨 상태로 하였을 경우에 도체 구 A와 B 사이의 전위차를 구하고 도체 구 A와 B 사이의 정전용량을 구하라.

풀이

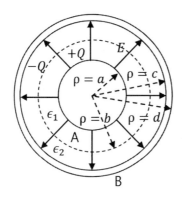

충분히 긴 길이의 동축 케이블의 내부 원통형 선 전하를 원통의 중심에 두고 감싸는 반경이 ρ이고 길이가 l인 원통형의 가우스 평면을 생각한다. 원통의 면적 소 벡터는 모두 원통의 바깥 방향을 향하도록 즉, 뚜껑 부위는 선 전하의 길이 방향과 같은 방향을, 측면은 원통의 중심축으로부터 방사상으로 전기장과 같은 방향이 되도록 잡을 수 있다. 전기장의 방향이 선 전하의 중심으로부터 방사상으로 향하는 방향이고, 선 전하의 길이 방향의 전기장은 0이라는 사실을 고려하면 Gauss 법칙을 적용하여 다음과 같이 계산할 수 있다. 여기에서 내부 유전 물질을 공기 또는 자유공간으로 생각하면

선 전하 밀도는 $\rho_l = \dfrac{Q}{l}\left[\dfrac{C}{m}\right]$ 이고

$$\Psi = \oint \overrightarrow{D} \cdot \overrightarrow{ds} = 2\pi\rho l D = Q_{in} = \rho_l l \text{ 이고 } D = \epsilon_0 E \text{ 이므로}$$

$$E = \frac{\rho_l}{2\pi\epsilon_0\rho}$$

직선도체에서 반경 방향으로 위치 $B(\rho = b)$ 에서 위치 $A(\rho = a)$ 로 전기장을 거슬러($a < b$) 양의 전하를 움직일 때 전위차 V_{AB}는 다음과 같이 구할 수 있다.

$$V_{AB} = \int_b^a -\overrightarrow{E} \cdot \overrightarrow{d\rho} = \int_b^a -\frac{\rho_l}{2\pi\epsilon_0\rho}\hat{\rho} \cdot d\rho\hat{\rho} = -\frac{\rho_l}{2\pi\epsilon_0}\int_b^a \frac{d\rho}{\rho}$$

$$= \frac{\rho_l}{2\pi\epsilon_0}(\ln\frac{b}{a}) = \frac{Q}{2\pi\epsilon_0 l}(\ln\frac{b}{a})\,[\,Volt\,]$$

그런데 반경 $r = b$를 경계로 내부는 유전율 ϵ_1 외부는 유전율 ϵ_2 물질로 채워지도록 만들었다는 사실을 고려하면 각 각의 유전물질로 채워진 Capacitor가 직렬 연결된 상태라는 것을 알 수 있다.

따라서 동축 케이블의 내부도체 A와 외부도체 B로 구성되는 Capacitor의 정전용량은 다음과 같이 구할 수 있다.

유전율 ϵ_1와 유전율 ϵ_2 인 물질로 채워진 부분에 의한 정전 용량을 각각 C_1과 C_2 로 놓으면 다음과 같이 구할 수 있다.

$$C_1 = \frac{2\pi\epsilon_1 l}{\ln(\frac{b}{a})}[Farad], \quad C_2 = \frac{2\pi\epsilon_2 l}{\ln(\frac{c}{b})}[Farad]$$

직렬연결의 경우 합성 등가용량 C_{eq}은 다음과 같다.

$$\frac{1}{C_{eq}} = \frac{1}{C_1} + \frac{1}{C_2} \text{이며 정리하면}$$

$$C_{eq} = \frac{C_1 C_2}{C_1 + C_2} = \frac{\dfrac{2\pi\epsilon_1 l}{\ln(\frac{b}{a})}\dfrac{2\pi\epsilon_2 l}{\ln(\frac{c}{b})}}{\dfrac{2\pi\epsilon_1 l}{\ln(\frac{b}{a})}+\dfrac{2\pi\epsilon_2 l}{\ln(\frac{c}{b})}} = \frac{2\pi l}{\dfrac{1}{\epsilon_1}\ln(\frac{b}{a})+\dfrac{1}{\epsilon_2}\ln(\frac{c}{b})}$$

$$= \frac{\epsilon_1\epsilon_2 2\pi l}{\epsilon_2\ln(\frac{b}{a})+\epsilon_1\ln(\frac{c}{b})}[Farad] \text{ 이 된다.}$$

 아래 그림과 같은 단면으로 표현된 평행 선로 선에서 각 선로의 반경이 a이고 각 선로를 구성하는 (내부가 차 있거나 속이 빈 원통형)도체는 각 각 길이 l당 전하 $+Q$와 $-Q$를 갖도록 대전시키고 선로 각 각의 중심 사이 거리는 d이다. 두 선로 사이의 정전용량을 구하라.

풀이

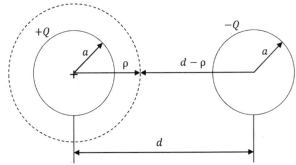

길이 l당 전하 $+Q$로 대전된 평행 선로 선을 중심에 두고 감싸는 반경이 ρ인 위치에서의 전기장을 구한다. 우선 길이 l당 전하 $+Q$로 대전된 평행 선로 선에 의한 전기장 E_+을 구하고 다음에 길이 l당 전하 $-Q$로 대전된 평행선로 선에 의한 전기장 E_-을 구하여 중첩의 원리를 적용하여 전체 전기장을 구한다.

길이 l당 전하 $+Q$로 대전된 평행 선로 선을 중심에 두고 감싸는 반경이 ρ이고 길이가 l인 원통형의 가우스 평면을 생각한다. 원통의 미소면적 벡터는 모두 원통의 바깥 방향을 향하도록 즉, 뚜껑 부위는 선 전하의 길이 방향과 같은 방향을, 측면은 원통의 중심축으로부터 방사상으로 전기장과 같은 방향이 되도록 잡을 수 있다. 전기장의 방향이 선 전하의 중심으로부터 방사상으로 향하는 방향이고, 선 전하의 길이 방향의 전기장은 0이라는 사실을 고려하면 Gauss 법칙을 적용하여 다음과 같이 계산할 수 있다.

선 전하 밀도는 $\rho_l = \dfrac{Q}{l}\left[\dfrac{C}{m}\right]$이고

$\Psi = \oint \overrightarrow{D_+} \cdot \overrightarrow{ds} = 2\pi \rho l D_+ = Q = \rho_l l$ 이고 $D_+ = \epsilon_0 E_+$ 이므로

$$E_+ = \frac{\rho_l}{2\pi \epsilon_0 \rho} = \frac{Q}{2\pi \epsilon_0 \rho l}$$

같은 방법으로 길이 l당 전하 $-Q$로 대전된 평행 선로 선을 중심에 두고 감싸는 반경이 $d-\rho$이고 길이가 l인 원통형의 가우스 평면을 생각하여 전기장을 구하면 다음과 같다.

$$E_- = \frac{\rho_l}{2\pi \epsilon_0 (d-\rho)} = \frac{Q}{2\pi \epsilon_0 (d-\rho)l}$$

중첩의 원리에 의하여 전체 전기장(전계)은 다음과 같이 구해진다.

$$E = E_+ + E_- = \frac{Q}{2\pi \epsilon_0 \rho l} + \frac{Q}{2\pi \epsilon_0 (d-\rho)l} = \frac{Q}{2\pi \epsilon_0 l}\left(\frac{1}{\rho} + \frac{1}{d-\rho}\right)$$

전기장은 그림에서 수평 방향으로 표시된 $\hat{\rho}$ 방향이며 위치 $B(\rho = d-a)$

에서 위치 $A(\rho=a)$ 로 전기장의 최단거리를 거슬러 양의 전하를 움직일 때 전위차 V_{AB}는 다음과 같이 구할 수 있다.

$$V_{AB} = \int_{d-a}^{a} -\vec{E} \cdot \vec{d\rho} = \int_{d-a}^{a} -\frac{Q}{2\pi\epsilon_0 l}(\frac{1}{\rho}+\frac{1}{d-\rho})\hat{\rho} \cdot d\rho\hat{\rho}$$

$$= \int_{a}^{d-a} \frac{Q}{2\pi\epsilon_0 l}(\frac{1}{\rho}+\frac{1}{d-\rho})\,d\rho = \frac{Q}{2\pi\epsilon_0 l}\,(\ln(\rho)-\ln(d-\rho))|_a^{d-a}$$

$$= \frac{Q}{2\pi\epsilon_0 l}\,[(\ln(d-a)-\ln(a))-(\ln(a)-\ln(d-a))]$$

$$= \frac{Q}{\pi\epsilon_0 l}\ln(\frac{d-a}{a})\,[\,Volt\,]$$

따라서 선로의 반경이 a이고 선로 중심 사이의 간격이 d인 전송 선로 선으로 구성되는 Capacitor의 정전용량은 다음과 같이 구할 수 있다. 또한 일반적으로 $d \gg a$ 이므로 다음과 같이 근사적으로 표현될 수 있다.

$$C = \frac{Q}{V_{AB}} = \frac{\pi\epsilon_0 l}{\ln(\frac{d-a}{a})} \approx \frac{\pi\epsilon_0 l}{\ln(\frac{d}{a})}\,[\,Farad\,]$$

예제

yz평면상에 $x=0$와 $x=d$에 각 각 표면전하 밀도 $\rho_s = \dfrac{Q}{A}$와 $-\rho_s = -\dfrac{Q}{A}$ 로 고르게 대전되어 마주 보고 있는 면적이 A인 두 개의 평면 대전체에 의한 전위를 구하고 정전 용량을 구하라.

풀이

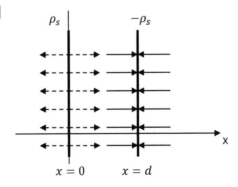

균일하게 대전된 무한 평면 전하에 의한 전기장의 세기는 평면으로부터 어떤 거리에 있더라도 $E = \dfrac{\rho_s}{2\epsilon_0}$ 이며 어느 위치에서나 전기장은 균일하다. 따라서 표면전하밀도 $+\rho_s$ 로 대전된 무한 평면 전하에 의한 전기장의 세기는 평면으로부터 $E = +\dfrac{\rho_s}{2\epsilon_0}$ 이며 표면전하밀도 $-\rho_s$ 로 대전된 무한평면 전하에 의한 전기장의 세기는 평면으로부터 $E = -\dfrac{\rho_s}{2\epsilon_0}$ 이다.

두 평판 바깥 영역에서는 서로 상쇄되어 소멸되고 두 평판 사이에서는 서로 더해지므로 전기장은 다음과 같이 구해진다.

$$E = \frac{\rho_s}{2\epsilon_0} + \frac{\rho_s}{2\epsilon_0} = +\frac{\rho_s}{\epsilon_0} \ (d \text{ 만큼 떨어진 두 평판 사이의 영역})$$

전기장을 Vector로 표현하면 다음과 같다.

$$\vec{E} = +\frac{\rho_s}{\epsilon_0}\hat{x} \ (0 < x < d)$$

전기장은 그림에서 수평 방향으로 표시된 $\hat{x}$ 방향이며 위치 $B(x = d)$에서 위치 $A(x = 0)$ 로 전기장 방향을 거슬러 양의 전하를 움직일 때 전위차 V_{AB}는 다음과 같이 구할 수 있다.

$$V_{AB} = \int_d^0 -\vec{E} \cdot \ \vec{dx} = \int_d^0 -\frac{Q}{\epsilon_0 A}\hat{x} \cdot \ dx\,\hat{x}$$

$$= \int_0^d \frac{Q}{\epsilon_0 A}\,dx = \frac{Q}{\epsilon_0 A}d\,[Volt]$$

이 전기장에 의한 두 도체 사이의 전위차와 정전 용량은 다음과 같다.

$$C = \frac{Q}{V_{AB}} = \frac{\epsilon_0 A}{d}\,[Farad]$$

표면전하 밀도 $\rho_s = \dfrac{Q}{A}$ 와 $-\rho_s = -\dfrac{Q}{A}$ 로 고르게 대전되어 간격이 d 로 마주 보고 있는 두 개의 평판 도체 사이에 유전율 ϵ_1, 유전율 ϵ_2 인 유전체가 그림과 같이 각 각 면적이 A_1, A_2 인 두 영역에 나누어 분포하고 있는 경우에 정전 용량을 구하라.

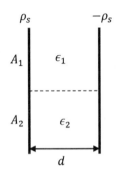

유전율 ϵ_1 와 유전율 ϵ_2 인 물질로 채워진 부분에 의한 정전 용량을 각 각 C_1 과 C_2 로 놓으면 다음과 같이 구할 수 있다.

$$C_1 = \epsilon_1 \frac{A_1}{d}\,[Farad], \quad C_2 = \epsilon_2 \frac{A_2}{d}\,[Farad]$$

두 Capacitor가 병렬 연결된 경우이며 합성 등가용량 C_{eq} 은 다음과 같다.

$C_{eq} = C_1 + C_2$ 이며 정리하면

$$C_{eq} = C_1 + C_2 = \epsilon_1 \frac{A_1}{d} + \epsilon_2 \frac{A_2}{d} = \frac{\epsilon_1 A_1 + \epsilon_2 A_2}{d}\,[Farad]\text{이 된다.}$$

예제 표면전하 밀도 $\rho_s = \dfrac{Q}{A}$와 $-\rho_s = -\dfrac{Q}{A}$로 고르게 대전되어 간격이 d로 마주 보고 있는 두 개의 평판 도체 사이에 유전율 ϵ_1, 유전율 ϵ_2인 유전체가 그림과 같이 각 각 간격이 d_1, d_2인 두 영역에 나누어 분포하고 있는 경우에 정전 용량을 구하라.

풀이

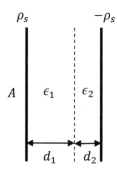

유전율 ϵ_1와 유전율 ϵ_2 인 물질로 채워진 부분에 의한 정전 용량을 각 각 C_1과 C_2 로 놓으면 다음과 같이 구할 수 있다.

$$C_1 = \epsilon_1 \frac{A}{d_1}\ [Farad],\ \ C_2 = \epsilon_2 \frac{A}{d_2}\ [Farad]$$

두 Capacitor가 직렬 연결된 경우이며 합성 등가용량 C_{eq}은 다음과 같다.

$$\frac{1}{C_{eq}} = \frac{1}{C_1} + \frac{1}{C_2}$$ 이며 정리하면

$$C_{eq} = \frac{C_1 C_2}{C_1 + C_2} = \frac{\epsilon_1 \dfrac{A}{d_1} \epsilon_2 \dfrac{A}{d_2}}{\epsilon_1 \dfrac{A}{d_1} + \epsilon_2 \dfrac{A}{d_2}} = \frac{\epsilon_1 \epsilon_2 A}{\epsilon_1 d_2 + \epsilon_2 d_1}\ [Farad]$$이 된다.

1 편극(Polarization)과 유전체(Dielectric)

유리, 고무, 플라스틱, 증류수, 종이, 석영 등 유전체 속에는 자유 전하가 없고 전하는 원자나 분자에 속박되어 있다. 이 속박 전하는 원자나 분자 내에서 아주 미소하게 움직일 수 있는데, 유전체에 전기장이 가해진다면 어떻게 될까? 전기장이 가해지면 유전체 내에 속박된 +, − 전하는 각 각 미소하게 −전하는 전기장 반대쪽으로 +전하는 전기장 방향으로 서로 반대 방향으로 미소하게 움직여 전기 쌍극자(Electric dipole)을 형성하는데 이 현상을 분극 또는 편극(Polarization)이라 한다.

아래 그림과 같이 서로 마주보는 대전된 두 평판으로 구성된 Capacitor를 생각하자. 왼쪽의 Capacitor는 편극이 발생하지 않는 공기로 채워져 있으며 오른쪽의 Capacitor는 편극이 발생하는 유전체로 채워져 있다.

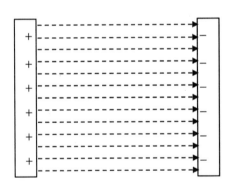
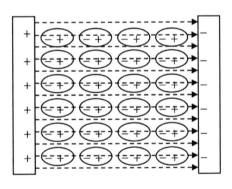

왼쪽의 Capacitor의 경우 전속밀도 D와 전기장 E의 관계는 $D = \epsilon_0 E$ 이다. 여기에서 $\epsilon_0 = 8.854 \times 10^{-12} \, (C^2/N \cdot m^2)$은 자유공간에서의 유전율이다.

오른쪽의 Capacitor에서 유전체에 가해진 전기장에 의하여 전기장과 같은 방향으로 정의되는 편극 P가 발생하며 그 크기는 $P = \epsilon_0 \chi_e E$ 이다. 여기에서 χ_e 는 유전체 매질의 전기 감수율(Electric susceptibility)이라하며 전속밀도 D와 전기장 E의 관계는 다음과 같이 주어진다.

$$D = \epsilon_0 E + P = \epsilon_0 E + \epsilon_0 \chi_e E = \epsilon_0 (1 + \chi_e) E = \epsilon_0 \chi E = \epsilon_0 \epsilon_r E = \epsilon E$$

여기에서 $(1 + \chi_e) = \chi = \epsilon_r$ 는 유전체의 비분극률(Relative polarizability) 또는 비유전율(Relative permittivity) 또는 유전상수(Dielectric constant)라 하며 ϵ는 유전체의 유전율(Permittivity)이다.

2 Capacitor와 유전체

유전체의 편극이 유전체 내부 전기장을 감소시켜서 유전체 내부 전위차가 감소한다. 여기서 Capacitor에 외부 전압원이 연결되어 있는 경우와 그렇지 않은 경우를 구별하여 생각하여야 함을 유의하기 바란다.

우선 아래 그림과 같이 도체 면적이 A, 간격이 d이며 일정한 표면 전하 밀도 ρ_s, $-\rho_s$로 각 각 대전되고 외부 전압원이 연결되어 있지 않은 상태에서 공기로 채워져 있던 부분을 유전체로 교체한 경우를 생각해보자

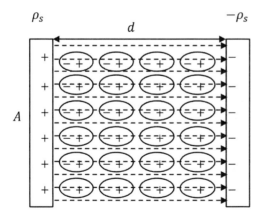

표면 전하밀도 ρ_s, 전속밀도 D와 전기장 E의 관계는 다음과 같이 주어진다.

$$D = \rho_s = \epsilon_0(1+\chi_e)E = \epsilon_0\chi E = \epsilon_0\epsilon_r E = \epsilon E$$

표면 전하밀도 ρ_s, 전속밀도 D는 변화하지 않으며 (유전체 내부의) 전기장은 E에서 $\dfrac{E}{\epsilon_r}$로 감소한다. 도체판 간격이 d이므로 Capacitor 양단의 전압도 원래 크기에서 $\dfrac{1}{\epsilon_r}$배로 감소한다.

이것을 Capacitor 양단 전압 V, 전하량 Q와 정전 용량(Capacitance) C의 관계식으로 생각하면 다음과 같다.

$Q = CV$에서 정전 용량이 $\epsilon_0\dfrac{A}{d}$에서 $\epsilon_0\epsilon_r\dfrac{A}{d}$로 증가하고 Q가 일정하게 유지되므로 양단 전압이 V에서 $\dfrac{V}{\epsilon_r}$로 감소하게 된다.

다음으로 아래 그림과 같이 도체 면적이 A, 간격이 d이며 일정한 표면 전하 밀도 ρ_s, $-\rho_s$로 각 각 대전되고 외부 전압원이 연결되어 있는 상태에서 공기로 채워져 있던 부분을 유전체로 교체한 경우를 생각해보자

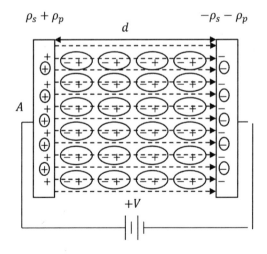

외부 전압원이 연결되어 있고 도체 판 간격이 d이므로 전기장 E는 변화하지 않는다. 편극으로 인한 내부 전기장 감소분을 상쇄하여 전기장을 $E = \dfrac{V}{d}$로 유지할 수 있도록 전속밀도 D와 표면 전하밀도는 분극 전하밀도만큼 증가하여 $\rho_s + \rho_p$가 되고 전속밀도 D와 전기장 E의 관계는 다음과 같이 주어진다.

$$D = \rho_s + \rho_p = \epsilon_0 (1 + \chi_e) E = \epsilon_0 \chi E = \epsilon_0 \epsilon_r E = \epsilon E$$

전속 밀도와 표면 전하밀도는 $D = \rho_s + \rho_p$로 증가하며 (유전체 내부의) 전기장은 E로 유지된다.

이것을 Capacitor 양단 전압 V, 전하량 Q와 정전 용량(Capacitance) C의 관계식으로 생각하면 다음과 같다.

$Q = CV$에서 정전 용량이 $\epsilon_0 \dfrac{A}{d}$ 에서 $\epsilon_0 \epsilon_r \dfrac{A}{d}$ 로 증가하고 양단 전압 V가 일정하게 유지되므로 전하량이 Q에서 $\epsilon_r Q$ 로 증가하게 된다.

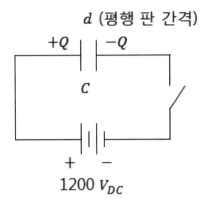

d (평행 판 간격)

$+Q$ $-Q$

C

$+$ $-$
$1200\ V_{DC}$

도체 판 간격이 $d = 1mm$인 평행 판 Capacitor가 1,200 V 전원에 연결되어 있다. 이 Capacitor의 전원 연결을 끊고 두께를 $d = 5\ mm$로 증가시키면 어떻게 되는가?

풀이 전하량 Q 즉, 표면 전하밀도 ρ_s가 변화가 없으므로 전기장 $E = \dfrac{\rho_s}{\epsilon}$도 변화가 없다. $E = \dfrac{V}{d}$ 이므로 d가 5배 증가하면 Capacitor 양단 전압 V가 5배 증가한다. 이것을 Capacitor 양단의 전압과 전하량에 관한 식 $Q = CV$를 고려하여 생각해보면 축전기 전하 Q는 변화 없고 축전기 양단 전압 V가 5배 증가하고 축전기 정전 용량 C는 1/5로 감소하게 된다.

전류와 전기회로

CHAPTER 04 전류와 전기회로

4.1 전하의 흐름

1 전하의 흐름

지금까지는 정지 상태에 있는 전하(靜電荷: Static Electric Charge)를 다루었다. 어떤 원인에 의해 전하의 움직임 또는 흐름이 발생하는 경우 이를 전류(電流: Electric Current)라 한다. 우리가 일상생활에서 경험할 수 있는 현상 중에서 전류와 가장 유사한 현상은 물의 흐름이다. 물은 높은 곳에서 낮은 곳으로 어떤 방향으로든 자유롭게 흐를 수 있다. 그러나 물이 놓인 위치가 같은 높이에 있다면 물은 흐르지 않는다. 물은 물이 위치한 높이에 중력 가속도를 곱한 gh(重位: Gravitational Potential)가 높은 곳에서 낮은 곳으로 흐른다. 만약 압축기(Compressor)를 사용하여 물의 압력을 높이면 높이가 같거나 낮은 곳으로부터 높은 곳으로 물을 흘려보낼 수 있다.

양의 전하는 전위(電位: Electric Potential)가 높은 곳에서 낮은 곳으로 움직인다. 전기 회로에서 건전지 등의 직류 전원 또는 발전소에서 공급되는 교류 전원은 물의 흐름을 유발하는 압축기와 같은 역할을 한다.

2 전류

전류는 전하가 움직이는 경로의 단면을 단위시간당 통과하는 전하량으로 다음과 같이 정의된다.

$$I = \frac{\triangle Q}{\triangle t} \ [C/s = Ampere]$$

전하의 흐름이 시간에 대하여 연속적인 변화를 보이는 경우에는 전하가 움직이는 단면을 통과하는 전하량의 순시변화율로 정의되는 순시전류를 다음과 같이 정의한다.

$$i = \frac{dq}{dt} \ [C/s : Ampere]$$

3 금속 도체 내에서의 전자의 이동

물리학에서의 연구 결과에 의하면 상온에서 금속 도체 내의 자유 전자는 대략 $v_{th} = 10^5 \ [m/s]$ 정도의 열적 속도(Thermal Velocity)으로 아래 그림과 같이 서로 충돌하기도 하면서 마치 벌통 주위를 날아다니는 벌들처럼 제 멋대로(Random) 방향으로 움직인다.

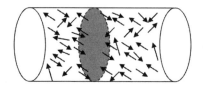

제 멋대로(Random) 방향으로 움직이기 때문에 그림에서 진하게 표시된 자유 전자가 움직이는 경로의 단면을 단위시간당 통과하는 전하량의 평균은 사실상 0에 가까운 크기가 되어 실제적으로 의미 있는 전류는 형성되지 않는다. 실제로는 완전히 0이 되지는 않는데 이것은 전기적인 잡음(Electrical Noise)의 원인이 되지만 그 크기는 우리가 다루는 전기적인 신호(Electrical Signal)에 비하면 훨씬 작다.

그러면 금속 도체에 아래 그림과 같이 전압 원을 연결하여 전기장을 가하면 어떻게 될까?

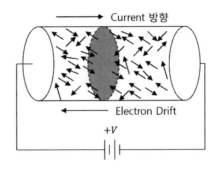

전기장에 의하여 자유 전자에 작용하여 전기장의 반대 방향으로 움직이도록 발생하는 유동 속도 v_d(Drift Velocity)가 발생한다. 대표적인 금속 도체에서의 유동속도는 $1\,[V/m]$의 전기장에 대하여 대략 $5 \times 10^{-3}\,[m/s]$ 정도이다.

유동 속도 v_d(Drift Velocity)는 열적 속도 v_{th}(Thermal Velocity)에 비하면 대략 10^{-8}배 수준으로 무시할 수 있을 정도로 미미하다. 자유 전자의 움직임을 상상해보면 그림에서 보이듯이 마치 벌통 주위를 날아다니는 벌들처럼 제 멋대로 (Random) 방향으로 움직이는 현상은 전기장이 가해지지 않았을 때와 별로 다름 없이 보일 것이다. 그런데 그러한 겉보기와는 달리 매우 중요한 차이점이 있는데 그것은 바로 모든 전자가 예외 없이 전기장의 반대방향으로 매우 작은 유동 속도 v_d(Drift Velocity)로 이동한다는 것이다. 따라서 그림에서 진하게 표시된 자유 전자가 움직이는 경로의 단면을 단위시간당 통과하는 전하량의 평균은 일정한 크기를 가지게 되며 전류가 형성된다. 여기에서 한 가지 생각해 둬야 할 것은 열적 속도 v_{th}(Thermal Velocity)에 비하여 매우 느린 유동 속도 v_d(Drift Velocity)로 이동하는 전하 즉 자유 전자가 회로를 실제로 한 바퀴 돌아 이동하는 것은 아니라는 사실이다. 실제로는 인접 전하에 영향을 미쳐서 연속적으로 전하의 이동을 유발하여 회로를 통하여 흐르는 전류가 형성된다.

예제 길이가 $l = 10\,[m]$ 인 구리선이 $V = 10\,[V]$ 의 전지에 연결되어 있고, 온도가 $300\,K$ 이며, 이 구리선의 자유전자는 다음 조건을 갖는다.

구리 금속 내부의 자유전자의 열적 속도는 $v_{th} = 10^6\,[m/s]$, 자유 전자들과 금속의 결정격자(Lattice) 사이의 평균 충돌 시간(Collision Time)은 $\tau = 3 \times 10^{-14}\,[s]$ 이고 단위 체적 당 자유 전자의 수는 $N_e = 10^{29}$ 일 때 이 구리 금속 내부의 자유전자의 유동 속도 v_d(Drift Velocity)를 구하라.

풀이 자유 전자가 결정격자와의 충돌 사이에 전기장에 의해 받는 힘과 가속도는 각 각 다음과 같다.

$$F = eE, \quad a = \frac{F}{m_e} = \frac{e}{m_e} E$$

평균 유동 속도는 다음과 같이 구할 수 있다.

$$v_d = \frac{1}{2} a\tau$$

그러나 실제로는 이것을 사용하지 않고 2 또는 3 이나 π 등의 Factor를 곱해서 사용하는데, 여기서는 Factor 2를 곱한 결과를 사용한다. 이렇게 하는 이유는 자유 전자와 결정 격자사이의 평균 충돌 시간과 관련된 문제이며 설명하자면 꽤 복잡하고 길(다고 하)기 때문에 여기서는 생략하기로 한다. 어쨌든 이에 따라서 평균 유동 속도는 다음과 같다.

$$v_d = a\tau = \frac{e}{m_e} E\tau$$

$V = El$, $E = \dfrac{V}{l} = 1\,[V/m]$ 이므로 구리 금속 내부의 자유전자의 유동 속도 v_d(Drift Velocity)는 다음과 같이 구해진다.

$$v_d = \frac{1.6 \times 10^{-19}}{9.1 \times 10^{-31}} \times 3 \times 10^{-14} \cong 5.27 \times 10^{-3}\,[m/s]$$

1 전류 I 와 전압 V 사이의 관계

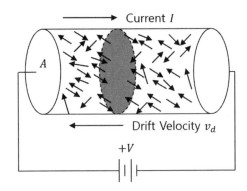

그림과 같은 금속 저항과 전압 원으로 이루어진 회로를 생각하자. 금속으로 이루어진 저항의 단면적이 $A[m^2]$, 금속 내부의 자유 전자의 체적 당 밀도는 $N_e[m^{-3}]$일 때 $N_e e$는 체적 전하밀도이며 금속 체적 $Al[m^3]$에 포함된 전하량은 다음과 같이 구해진다.

$$Q = N_e\, e\, A\, l$$

평균 유동 속도 $v_d = a\tau = \dfrac{e}{m_e}E\tau = \mu_e E$ 로 자유전자가 이동할 때 그림에서 진하게 표시된 자유 전자가 움직이는 경로의 단면을 단위시간당 통과하는 전하량의 순시 변화율 즉 전류는 다음과 같이 구해진다.

$$I = \frac{dQ}{dt} = N_e e A v_d = \frac{N_e e^2 \tau}{m_e} AE = \mu_e N_e e AE = \sigma AE = \sigma A \frac{V}{l}$$

여기에서, $\mu_e = \dfrac{e}{m_e}\tau$는 자유 전자의 이동도(Electron mobility) 이며

$\sigma = \mu_e N_e e = \dfrac{N_e e^2 \tau}{m_e}$ 는 자유 전자의 이동도 $\mu_e = \dfrac{e}{m_e}\tau$와 체적 전하밀도 $N_e e$의 곱으로 결정되는 전기 전도도(Electrical Conductivity)이다.

이것을 정리하면 다음과 같이 전압 V, 전류 I, 저항 R 간의 관계식 즉 Ohm의 법칙을 얻을 수 있다.

$$ I = \sigma \frac{A}{l}V = \frac{V}{R} = GV, \quad V = \frac{1}{\sigma}\frac{l}{A}I = \rho \frac{l}{A}I = RI $$

여기에서, $\rho = \dfrac{1}{\sigma}$ 은 전기 저항율(Electrical Resistivity), $G = \sigma\dfrac{A}{l}\,[Siemens = \mho]$는 Conductance 이고 $R = \dfrac{1}{G} = \dfrac{1}{\sigma}\dfrac{l}{A} = \rho\dfrac{l}{A}\,[\Omega]$은 전기 저항(Electrical Resistance)이다. 또한 전류가 흐르는 금속으로 이루어진 저항의 단면적이 $A\,[m^2]$ 이므로 다음과 같이 전류밀도의 개념을 생각할 수 있다.

$$ J = \frac{I}{A} = \sigma\frac{V}{l} = \sigma E\,[A/m^2] $$

2 저항 온도계수

저항을 구성하는 금속 도체의 온도가 상승하는 경우를 생각해보자. 전기적인 저항은 $R = \dfrac{1}{\sigma}\dfrac{l}{A} = \rho\dfrac{l}{A}\,[\Omega]$에서 보는 바와 같이 전류가 흐르는 도체의 경로 길이 l에 비례하고 도체의 단면적 A에 반비례하며 도체마다 갖는 고유의 저항률 $\rho = \dfrac{1}{\sigma} = \dfrac{1}{\mu_e N_e e}$에 비례한다. 저항을 구성하는 금속 도체의 온도가 상승할 때 도체의 경로 길이 l과 단면적 A의 변화는 미미하여 무시할 수 있을 것이다. 또한 도체의 저항률을 결정하는 금속 내부의 자유 전자의 체적 전하밀도 $N_e e$도 변화가 없다고 볼 수 있다. 그런데 도체의 저항률을 결정하는 요소 중에서 자유 전자의 이동도 $\mu_e = \dfrac{e}{m_e}\tau$에서 자유 전자들과 금속의 결정격자(Lattice) 사이의 평균 충돌 시간(Collision Time) τ는 온도의 영향을 받아 작아진다. 금속을 포함한 고체상태 물질이 외부에서 에너지를 받게 되면 결정격자(Lattice)들의 진동이 증가하게 되며 증가된 결정격자들의 진동은 온도 상승의 형태로 측정된다. 결정격자(Lattice)들의 진동이 증가하게 되면 그 사이를 이동하는 자유 전자들이 이동하는 데 더 많은 방해를 받게 되고 자유 전자들과 결정격자들 간의 충돌 횟수는 증가하고 평균 충돌 시간(Collision Time) τ는 짧아지게 될 것이다. 따라서 $\rho = \dfrac{1}{\sigma}$ $= \dfrac{1}{\mu_e N_e e}$에서 보듯이 도체의 저항률은 온도 상승에 따라 증가하게 되며 다음과 같이 표현가능하다.

$$\rho_t = \rho_0 \left[1 + \alpha_0\left(t - t_0\right)\right]$$

여기에서, ρ_t, ρ_0는 각 각 온도 $T = t$, $T = t_0$에서의 저항률이고 α_0는 $T = t_0$에서의 저항 온도계수이다.

따라서 R_1, R_2가 각 각 온도 $T = t_1$, $T = t_2 > t_1$에서의 저항이고 α_1는 $T = t_1$에서의 저항 온도계수일 때 R_1, R_2의 관계는 다음과 같이 정해진다.

$$R_2 = R_1 \left[1 + \alpha_1\left(t_2 - t_1\right)\right]$$

특히 R_0, R_1는 각 각 온도 $T = 0[\,^\circ C]$, $T = t_1 > 0[\,^\circ C]$에서의 저항이고 $\alpha_0 = \dfrac{1}{234.5}$는 $T = 0[\,^\circ C]$에서의 저항 온도계수일 때 R_0, R_1의 관계는 다음과 같이 표현될 수 있다.

$$R_1 = R_0 \left[1 + \alpha_0\left(t_1 - 0\right)\right] = R_0\left(1 + \alpha_0 t_1\right)$$

예제 R_0, R_1가 각각 온도 $T=0[^\circ C]$, $T=t_1>0[^\circ C]$에서의 저항이고 $\alpha_0=\dfrac{1}{234.5}$는 $T=0[^\circ C]$에서의 저항 온도계수일 때 R_0, R_1의 관계는 다음과 같이 $R_1=R_0[1+\alpha_0(t_1-0)]=R_0(1+\alpha_0 t_1)$로 정해진다. 여기에서 R_1, R_2가 각각 온도 $T=t_1$, $T=t_2>t_1$에서의 저항이고 α_1는 $T=t_1$에서의 저항 온도계수일 때 R_1, R_2의 관계는 다음과 같이 $R_2=R_1[1+\alpha_1(t_2-t_1)]$로 정해지는데, $T=t_1$에서의 저항 온도계수 α_1을 구하라.

풀이 R_1, R_2가 각각 온도 $T=t_1$, $T=t_2>t_1$에서의 저항이고 $\alpha_0=\dfrac{1}{234.5}$는 $T=0[^\circ C]$에서의 저항 온도계수일 때 R_1, R_2는 다음과 같이 정해진다.

$$R_1=R_0(1+\alpha_0 t_1),\ \ R_2=R_0(1+\alpha_0 t_2).$$

$R_0=\dfrac{R_1}{(1+\alpha_0 t_1)}$ 을 뒤의 식에 대입하면 다음과 같이 된다.

$$R_2=\frac{R_1}{(1+\alpha_0 t_1)}(1+\alpha_0 t_2)=\frac{R_1}{(1+\alpha_0 t_1)}(1+\alpha_0 t_1+\alpha_0 t_2-\alpha_0 t_1)$$

$$=R_1[1+\frac{\alpha_0}{(1+\alpha_0 t_1)}(t_2-t_1)]=R_1[1+\alpha_1(t_2-t_1)]$$

따라서 $\alpha_0=\dfrac{1}{234.5}$가 $T=0[^\circ C]$에서의 저항 온도계수일 때 $T=t_1$에서의 저항 온도계수 α_1은 다음과 같다.

$$\alpha_1=\frac{\alpha_0}{(1+\alpha_0 t_1)}$$

예제 R_0, R_1가 각각 온도 $T=0[°C]$, $T=t_1>0[°C]$에서의 저항이고 $\alpha_0 = \dfrac{1}{234.5}$는 $T=0[°C]$에서의 저항 온도계수일 때 R_0, R_1의 관계는 다음과 같이 $R_1 = R_0[1 + \alpha_0(t_1-0)] = R_0(1 + \alpha_0 t_1)$로 정해진다. $T=30[°C]$에서의 저항 R_{30}을 구하라.

풀이 R_0, R_1가 각각 온도 $T=0[°C]$, $T=30[°C]$에서의 저항이고 $\alpha_0 = \dfrac{1}{234.5}$는 $T=0[°C]$에서의 저항 온도계수일 때 $T=30[°C]$에서의 저항 $R_{30}(=R_1)$는 다음과 같이 정해진다.

$$R_{30} = R_1 = R_0(1 + \alpha_0 t_1) = R_0(1 + \alpha_0 \times 30) = R_0(1 + \frac{30}{234.5})$$

$$= R_0 \frac{264.5}{234.5} \cong 1.128 R_0$$

3 Capacitance와 저항 사이의 관계

임의의 물체가 완전한 유전체 또는 도전체가 아닌 경우를 생각하자. 이 물질은 각각 유한한 도전율 σ과 유전율 ϵ을 갖게 된다. 이 물체, 즉 불완전한 도체 또는 유전체가 구성하는 유효 경로 길이를 l, 단면적을 A라고 하면 이 물체의 전기적인 저항은 $R = \dfrac{1}{\sigma}\dfrac{l}{A}$ $[\Omega]$이며 Capacitance는 $C = \epsilon\dfrac{A}{l}$ $[Farad]$이 된다. 따라서 저항과 Capacitance의 곱은 다음과 같은 관계를 가진다.

$$RC = \frac{C}{G} = \frac{\epsilon}{\sigma}$$

이 결과를 이용하면 물질의 도전율 σ과 유전율 ϵ을 알고 있는 경우 저항을 측정함으로써 쉽게 Capacitance 값을 알아낼 수 있다.

④ 열전 현상

제벡 효과(Seebeck Effect): 서로 다른 재질의 금속선 A, B들이 아래 그림과 같이 연결되고 각 각의 접합 점의 온도가 T_1, T_2인 경우 내부 저항이 무한대인 전압계(Volt Meter)에는 전압 E가 측정되거나 내부 저항이 0인 전류계(Ampere Meter)에는 전류가 I가 검출되게 되며 이러한 현상을 제벡 효과(Seebeck Effect)라 한다.

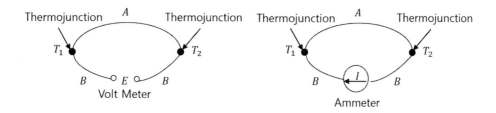

검출되는 전압 E는 금속선의 재질과 접합 점의 온도가 T_1, T_2에 의하여 정해지며 전류 I는 전압 E를 전체 내부 저항으로 나눈 값으로 결정된다. 이와 같은 소자를 열전대(Thermo couple)라 한다. 온도 측정 소자로 사용할 수 있으며 이 경우 전류 I는 흐르지 않도록 전압 E만 측정하도록 한다.

펠티어 효과(Peltier Effect): 서로 다른 재질의 금속선 A, B들이 아래 그림과 같이 연결되고 외부에서 전류를 흘려주게 되면 각 각의 접합 점의 온도 T_1은 상승(또는 하강), T_2는 하강(또는 상승)하게 되는데 이러한 현상을 펠티어 효과(Peltier Effect)라 한다.

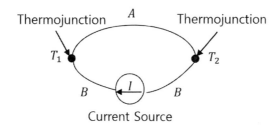

전류의 방향을 반대로 하면 접합 점에서의 온도 상승, 하강은 원래의 반대로 된다. 펠티어 효과(Peltier Effect)를 활용하면 냉매를 사용하는 압축기를 사용하지 않고도 냉 온수기나 화장품 냉장고와 같이 특정 부위의 온도를 올리거나 내리는 기능을 이용한 기기를 만드는데 사용할 수 있다.

톰슨 효과(Thomson Effect): 특정 재질의 금속선 A를 아래 그림과 같이 연결하고 외부에서 전류를 흘려주게 되면 금속선의 온도가 상승 또는 강하하게 되는데 이러한 현상을 톰슨 효과(Thomson Effect)라 한다. 전류의 방향을 반대로 하면 금속선에서의 온도 상승, 하강은 반대로 된다.

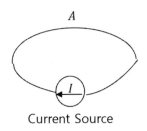

Current Source

5 반도체에서의 저항 온도계수

반도체의 온도가 상승하는 경우를 생각해보자. 전기적인 저항은 $R = \dfrac{1}{\sigma} \dfrac{l}{A}$ $= \rho \dfrac{l}{A} \, [\Omega]$에서 보는 바와 같이 전류가 흐르는 반도체의 경로 길이 l에 비례하고 단면적 A에 반비례하며 반도체 고유의 저항률 $\rho = \dfrac{1}{\sigma} = \dfrac{1}{\mu_e N_e e}$에 비례한다. 저항을 구성하는 반도체의 온도가 상승할 때 도체의 경로 길이 l과 단면적 A의 변화는 미미하여 무시할 수 있을 것이다. 반도체의 저항률을 결정하는 요소 중에서 전도대(Conduction band) 자유 전자의 이동도 $\mu_e = \dfrac{e}{m_e} \tau$에서 자유 전자들과 반도체의 결정격자(Lattice) 사이의 평균 충돌 시간(Collision Time) τ는 온도의 영향을 받아 작아진다. 금속을 포함한 고체상태 물질이 외부에서 에너지를 받게 되면 결정격자(Lattice)들의 진동이 증가하게 되며 증가된 결정격자들의 진동은 온도 상승의 형태로 측정된다. 결정격자(Lattice)들의 진동이 증가하게 되면 그 사이를 이동하는 자유 전자들이 이동하는 데 더 많은 방해를 받게 되고 자유 전자들과 결정격자들 간의 충돌 횟수는 증가하고 평균 충돌 시간(Collision Time) τ 는 짧아지게 될 것이다. 따라서 $\rho = \dfrac{1}{\sigma} = \dfrac{1}{\mu_e N_e e}$ 에서 보듯이 도체의 저항률은 온도 상승에 따라 증가하게 된다.

그런데, 반도체에서는 중요한 차이점이 있는데 온도 상승에 따라 전도대로 이동하는 자유 전자의 수가 증가하게 된다. 따라서 반도체의 저항률 $\rho = \dfrac{1}{\sigma} = \dfrac{1}{\mu_e N_e e}$ 을 결정하는 금속 내부의 자유 전자의 체적 전하밀도는 $N_e\, e$ 가 증가하게 되며 이 효과가 자유 전자의 이동도 $\mu_e = \dfrac{e}{m_e}\tau$ 가 감소하는 효과를 충분히 상쇄하고도 남게 되어 반도체에서의 저항은 온도 상승에 따라 오히려 감소할 수 있다.

4.3 전기회로와 키르히호프의 법칙

1 저항(Resistance)의 직렬, 병렬연결

저항 값이 각 각 R_1, R_2인 저항을 아래 그림과 같이 각 각 직렬연결, 병렬연결할 수 있다.

직렬 회로를 통해 흐르는 전류와 가해진 전압을 각 각 I, V라 할 때 합성 등가 저항 R_{eq}와 각 각의 저항 값 R_1, R_2와 각 저항에 걸리는 전압 V_1, V_2는 다음의 관계를 갖는다.

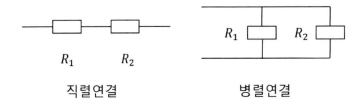

직렬연결   병렬연결

직렬연결의 경우 합성 저항 R_{eq}은 다음과 같다.

$$R_{eq} = R_1 + R_2$$

각 저항을 통하여 흐르는 전류는 같으며 다음과 같은 관계를 갖는다.

$$I(= I_1 = I_2) = \frac{V_1}{R_1} = \frac{V_2}{R_2} = \frac{V_1 + V_2}{R_{eq}}$$

$$V_1 = R_1 I = \frac{R_1}{R_{eq}}(V_1 + V_2) = \frac{R_1}{R_1 + R_2}(V_1 + V_2)$$

$$V_2 = R_2 I = \frac{R_2}{R_{eq}}(V_1 + V_2) = \frac{R_2}{R_1 + R_2}(V_1 + V_2)$$

병렬 회로를 통해 흐르는 전류와 가해진 전압을 각 각 I, V라 할 때 합성 등가저항 R_{eq}와 각 각의 저항 값 R_1, R_2와 각 저항에 걸리는 전압 V_1, V_2는 다음의 관계를 갖는다.

$$\frac{1}{R_{eq}} = \frac{1}{R_1} + \frac{1}{R_2}$$ 이며 정리하면 $R_{eq} = \frac{R_1 R_2}{R_1 + R_2}$ 이 된다.

각 저항 양단의 전압은 같으며 다음과 같은 관계를 갖는다.

$$V(= V_1 = V_2) = R_1 I_1 = R_2 I_2 = R_{eq}(I_1 + I_2)$$

$$I_1 = \frac{V}{R_1} = \frac{R_{eq}(I_1 + I_2)}{R_1} = \frac{R_2}{R_1 + R_2}(I_1 + I_2)$$

$$I_2 = \frac{V}{R_2} = \frac{R_{eq}(I_1 + I_2)}{R_2} = \frac{R_1}{R_1 + R_2}(I_1 + I_2)$$

2 전기회로에서의 전위차, 에너지와 전력

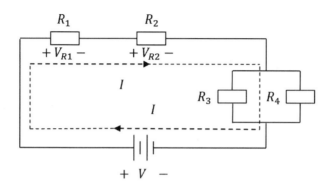

전류가 흐르는 경로를 따라 전압원이나 회로 부품을 통하여 −극에서 +극으로 움직임은 전위차 V만큼 전위의 증가 또는 전압 상승이 일어난다. 반대로 +극에서 −극으로 움직임은 전위차 V만큼 전위의 감소 또는 전압 강하가 발생한다.

전류 $I = \dfrac{dq}{dt}$가 회로내의 임의의 회로 부품을 통하여 흘러서 전위차 V만큼 전위의 증가 또는 감소가 일어나는 경우 회로 부품에서 소비, 저장되거나 발생되는 전기 에너지(Electric Energy)는 다음과 같이 표현된다.

$$dW = V\,dq\,[Joule]$$

한편 임의의 회로 부품에서 단위 시간당 소비, 저장되거나 발생되는 에너지를 전력(Electric Power)이라 하며 다음과 같이 표현된다.

$$P = \frac{dW}{dt} = V\frac{dq}{dt} = VI = I^2R = \frac{V^2}{R}\,[Joule/\sec = Watt]$$

3 Joule의 법칙

전력(Electric Power) $P = \dfrac{dW}{dt} = VI \, [Joule/\sec = Watt]$가 $t\,[\sec]$동안 저항에 공급되어 열로 소비되었을 때 발생되는 열에너지를 Joule 열이라 하며 열량 $Q[cal]$와 에너지 $W[Joule]$의 관계는 다음과 같으며 이것을 Joule의 법칙(Joule's Law) 이라 한다.

$$Q = 0.24\,W\,[cal]$$

Joule의 법칙(Joule's Law)에 따르면 $1\,[Joule] = 0.24\,[cal]$에 해당되며
$1\,[kWh] = 1000 \times 3600\,[Joule] = 1000 \times 3600 \times 0.24\,[cal] = 864\,[kcal]$이 된다.

4 키르히호프의 전류 법칙

회로에서 임의의 회로 부품을 가지(Branch)라 하며 가지가 서로 연결된 부분을 접점(Node)라고 한다. 어떤 접점을 들어오는 전류의 합은 그 접점에서 나가는 전류의 합과 같으며 이것을 키르히호프의 전류 법칙(Kirchhoff's Current Law: KCL) 이라 한다.

키르히호프의 전류 법칙(Kirchhoff's Current Law: KCL)을 전기자기학의 관점에서 고찰해 보자. 아래 그림과 같이 전류 밀도 $J[A/m^2]$인 전류가 면적 $A[m^2]$인 단면을 통과하여 폐곡면 외부로 흘러나가는 상황에서 전류 밀도, 전류 $I[A]$와 체적이 $V[m^3]$인 폐곡면 내부의 전하밀도 $\rho_v\,[C/m^3]$ 사이의 관계는 다음과 같이 정리될 수 있다.

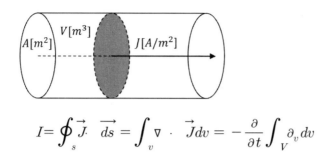

$$I = \oint_s \vec{J} \cdot \vec{ds} = \int_v \nabla \cdot \vec{J} dv = -\frac{\partial}{\partial t} \int_V \partial_v dv$$

이 식으로부터 다음과 같이 전류밀도의 연속 방정식(Continuity Equation)을 얻을 수 있다.

$$\nabla \cdot \vec{J} = -\frac{\partial \rho_v}{\partial t}$$

위 식은 전류가 폐곡면 외부로 흘러 나가기만 할 경우의 연속 방정식이며 실제로는 일반적인 전기회로에서 폐곡면 내부로 유입되는 전류와 유출되는 전류가 같아야 하며 이를 정상전류(Steady Current)라 하고 전류밀도의 연속 방정식은 다음과 같다.

$$\nabla \cdot \vec{J} = 0$$

즉 전류 밀도 벡터는 비 발산이며 앞에서 언급한 회로의 접점(Node)을 둘러싸는 미소 체적에 대하여 이를 적용하면 키르히호프의 전류 법칙(Kirchhoff's Current Law: KCL)을 얻을 수 있으며 아래 그림에 이 법칙을 적용하면 다음과 같은 결과를 얻는다.

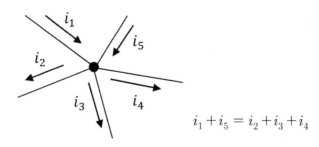

$$i_1 + i_5 = i_2 + i_3 + i_4$$

5 키르히호프의 전압 법칙

회로에서 임의의 회로 부품을 가지(Branch)라 하며 가지가 서로 연결된 부분을 접점(Node)라고 한다. 어떤 닫힌 회로내의 경로를 통하는 가지에 걸리는 전위차 또는 가지 전압(Branch voltage)의 합은 0이며 이것을 키르히호프의 전압 법칙 (Kirchhoff's Voltage Law: KVL) 이라 한다. 참고로 가지(Branch)를 통하여 흐르는 전류를 가지 전류(Branch current)라 한다.

키르히호프의 전압 법칙(Kirchhoff's Voltage Law: KVL)을 전기자기학의 관점에서 고찰해 보자. 다음의 그림과 같이 전원 V, 저항 R_1, R_2와 Capacitor C 가 직렬로 연결된 회로를 생각하되 다음의 조건을 생각한다.

첫째 회로 부품들과 연결 도체 선으로 폐회로(Closed circuit)가 구성된다.
둘째 회로 부품의 최대 크기가 전원 주파수로 정해지는 파장보다 매우 작다.
셋째 전속 밀도 D는 Capacitor C에만 국한되어 작용한다.
넷째 저항의 도전율만 생각하고 연결도체 선의 저항은 무시한다.

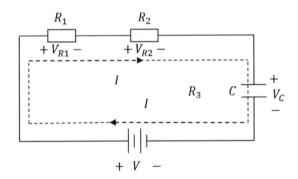

또한 아직 자기장(Magnetic field)에 관해서는 설명하지 않았으므로 이와 관련된 사항은 이후에 생각하기로 하자. 회로 내부에 형성되는 전기장에 관하여 다음과 같이 정리할 수 있다.

$$\oint \vec{E} \cdot \vec{dl} = \oint_s (\triangledown \times \vec{E}) \cdot \vec{ds} = 0$$

즉 회로 내부에 형성된 전기장에 대하여 폐 경로를 따라 선 적분을 행하면 그 결과는 0가 되며 전기장 벡터는 비 회전 장이라는 것을 알 수 있다. 앞에서 언급한 닫힌 회로내의 경로에 대하여 이를 적용하면 키르히호프의 전압 법칙(Kirchhoff's Voltage Law: KVL)을 얻을 수 있으며 아래 그림에 이 법칙을 적용하면 다음과 같은 결과를 얻는다.

$$V_{R_1} + V_{R_2} + V_C = V$$

예제 아래 그림의 같은 회로에서 가지 전류(Branch current) i_1, i_2를 구하라.

풀이

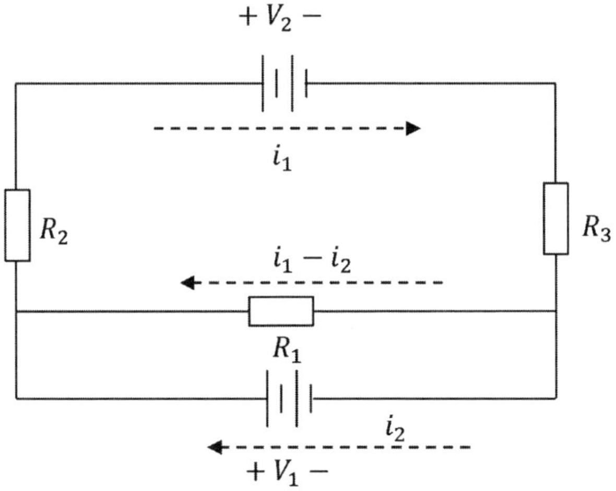

위, 아래 부분의 폐 경로에 대하여 키르히호프의 전압 법칙(Kirchhoff's Voltage Law: KVL)을 각 각 적용하면 다음과 같다,

$$V_2 + i_1 R_3 + i_1 R_2 + (i_1 - i_2)R_1 = 0$$
$$-(i_1 - i_2)R_1 - V_1 = 0$$

이 식을 i_1, i_2에 관하여 정리하면 다음과 같다.

$$i_1(R_1 + R_2 + R_3) - i_2 R_1 = -V_2$$
$$-i_1 R_1 + i_2 R_1 = V_1$$

Cramer's Rule을 적용하면 i_1, i_2는 각 각 다음과 같이 구해진다.

$$i_1 = \frac{\begin{vmatrix} -V_2 & -R_1 \\ V_1 & R_1 \end{vmatrix}}{\begin{vmatrix} (R_1 + R_2 + R_3) & -R_1 \\ -R_1 & R_1 \end{vmatrix}} = \frac{V_1 - V_2}{R_2 + R_3}$$

$$i_2 = \frac{\begin{vmatrix} (R_1 + R_2 + R_3) & -V_2 \\ -R_1 & V_1 \end{vmatrix}}{\begin{vmatrix} (R_1 + R_2 + R_3) & -R_1 \\ -R_1 & R_1 \end{vmatrix}} = \frac{(R_1 + R_2 + R_3)V_1 - R_1 V_2}{R_1(R_2 + R_3)} = \frac{V_1 - V_2}{R_2 + R_3} + \frac{V_1}{R_1}$$

예제 아래 그림과 같은 회로에서 가지 전류(Branch current) i_1, i_2, i_3를 구하라.

풀이

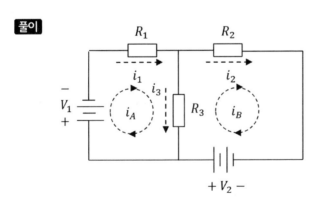

우선 왼쪽과 오른쪽의 폐 경로에 대하여 각각 Loop 전류(Loop Current) i_A, i_B를 생각하자.

위 회로에서 가지 전류(Branch current) i_1, i_2, i_3와 Loop 전류(Loop Current) i_A, i_B는 다음과 같은 관계를 가진다.

$$i_1 = i_A, \ i_2 = i_B, \ i_3 = i_A - i_B$$

왼쪽의 폐 경로에 대하여 키르히호프의 전압 법칙(Kirchhoff's Voltage Law: KVL)을 적용하면 다음과 같은 관계식이 얻어진다.

$$V_1 + i_A R_1 + (i_A - i_B)R_3 = 0$$

오른쪽의 폐 경로에 대하여 키르히호프의 전압 법칙(Kirchhoff's Voltage Law: KVL)을 적용하면 다음과 같은 관계식이 얻어진다.

$$i_B R_2 - V_2 + (i_B - i_A)R_3 = 0$$

이 식을 i_A, i_B에 관하여 정리하면 다음과 같다.

$$i_A(R_1 + R_3) - i_B R_3 = -V_1$$
$$-i_A R_3 + i_B(R_2 + R_3) = V_2$$

Cramer's Rule을 적용하면 i_A, i_B는 각 각 다음과 같이 구해진다.

$$i_A = \frac{\begin{vmatrix} -V_1 & -R_3 \\ V_2 & (R_2 + R_3) \end{vmatrix}}{\begin{vmatrix} (R_1 + R_3) & -R_3 \\ -R_3 & (R_2 + R_3) \end{vmatrix}} = \frac{R_3 V_2 - (R_2 + R_3)V_1}{R_1 R_2 + R_2 R_3 + R_3 R_1}$$

$$i_B = \cfrac{\begin{vmatrix} (R_1 + R_3) & -V_1 \\ -R_3 & V_2 \end{vmatrix}}{\begin{vmatrix} (R_1 + R_3) & -R_3 \\ -R_3 & (R_2 + R_3) \end{vmatrix}} = \frac{-R_3 V_1 + (R_1 + R_3) V_2}{R_1 R_2 + R_2 R_3 + R_3 R_1}$$

Loop 전류(Loop Current) i_A, i_B는 곧 가지전류(Branch Current) i_1, i_2이기도 하다. 따라서 아래와 같다.

$$i_1 = \frac{R_3 V_2 - (R_2 + R_3) V_1}{R_1 R_2 + R_2 R_3 + R_3 R_1}, \quad i_2 = \frac{-R_3 V_1 + (R_1 + R_3) V_2}{R_1 R_2 + R_2 R_3 + R_3 R_1}$$

세 저항이 만나는 접점에서 키르히호프의 전류 법칙(Kirchhoff's Current Law: KCL)을 적용하면 다음과 같은 결과가 얻어진다.

$$i_1 = i_2 + i_3$$

전류들이 키르히호프의 전류 법칙(Kirchhoff's Current Law: KCL)을 만족해야 하므로 전류 i_3는 다음과 같이 구해진다.

$$i_3 = i_1 - i_2 = \frac{-R_2 V_1 - R_1 V_2}{R_1 R_2 + R_2 R_3 + R_3 R_1}$$

C·H·A·P·T·E·R **05**

자기력과 자기장

자기력과 자기장

5.1 자성(Magnetism)

1 자성(Magnetism)

앞에서 정전기 현상 부분에서 언급한 바 있지만 다시 간략히 언급하도록 한다. 역사적으로 BC 6세기에 그리스(Greece)의 철학자 탈레스(Thales)가 기록한 내용에 의하면 호박(琥珀)을 모피로 문지르면 호박이 다른 물체, 예를 들어 머리카락이나 마른 나뭇잎 등을 잡아당기는 전기 현상을 기술했으며 또한 자철광에서 자연적으로 산출되는 자철석들이 서로 잡아당기거나 밀어내는 자기 현상에 대해서도 기록을 남겼다.

자철석은 자연적으로 형성된 영구자석(Permanent Magnet)이며 서로 밀어내거나 당기기도 한다는 사실을 발견하고 극(Pole)이 다르면 서로 당기고, 같으면 밀어낸다는 사실을 파악하게 되었다. 이 사실을 포함하여 영구자석(Permanent Magnet)에 대한 일련의 관찰과 실험을 통해 알게 되고 정리된 사실들을 요약하여 설명하면 다음과 같다.

1) 자석의 극(Pole)은 N극(North Pole)과 S(South Pole)극으로 구분한다.
2) 자석은 전기 계기에 어떤 영향도 주지 않으며, 중력에 의해 영향을 받지 않는다.
3) 자석은 단지 어떤 특정한 물체(철, 니켈 등)만 끌어당긴다. 자석은 구리나

청동 같은 것에는 어떤 영향을 주지 않는다.

4) 한 자석을 분리하면 다시 두 개의 자석을 얻는다. 즉 +. −의 전하는 독립되어 따로 존재하는 반면에 독립된 자하는 존재하지 않는다.

5) 지구는 자기적으로 거대한 자석이다. 따라서 움직이기 쉬운 구조로 설계된 작은 영구자석 조각을 놓으면 작은 영구자석의 N극이 지구의 지리적인 N극 (Geometrical North Pole)이자 자기적인 S극(Magnetic South Pole)을 가리킨다. 작은 영구자석의 S극이 지구의 지리적인 S극(Geometrical South Pole)이자 자기적인 N극(Magnetic North Pole)을 가리킨다.

2 자성, 자석에 관한 기본적인 사항

자극의 N극(North Pole)에서 S(South Pole)극 방향을 양의 방향으로 하여 자속(Magetic flux)을 정의한다. 자속의 크기를 측정하는 MKS단위는 $Wb(Weber)$이며 $1\,Wb = 10^8\,Maxwell(Mx) = 10^8\,line$이다. 자속을 내보내거나 받아들이는 자극을 자하(Magnetic charge)라고 하며 단위는 $Wb(Weber)$이다. 전기장에서 전하(Electric charge)와 그 단위 C(Coulomb)에 해당되는 개념이다.

5.2 자기장에 관한 쿨롱의 법칙

1 두 자하 사이에 작용하는 힘

프랑스 육군 공병대의 장교이자 기계공학자, 토목공학자, 전기물리학자인 Charles Augustin Coulomb(1736~1806)은 미세한 힘의 크기를 측정할 수 있는 비틀림 저울을 직접 고안하였으며 이를 이용하여 1785년에 두 전하 사이에 작용하는 정 전기력의 크기를 측정하는 실험과 아울러 두 자하 사이에 작용하는 정 자기력의 크기를 측정하는 일련의 정교한 과학적인 실험을 수행하였다. 이 실험의 결과 두 자하사이에 작용하는 힘은 각각의 자하량에 비례하고 거리의 제곱에 반비례하는 것을 발견하였으며 이를 쿨롱의 법칙 (Coulomb's Law)이라 한다.

2 자기장에 관한 쿨롱의 법칙 (Coulomb's Law)

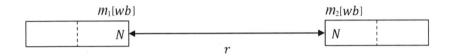

쿨롱의 법칙에 의하면 자하 m_1에 의하여 r 만큼 떨어져 있는 다른 자하 m_2에 작용하는 힘 $\vec{F}$는 다음과 같다.

$$\vec{F} = k_m \frac{m_1 m_2}{r^2} \hat{r}_{12}$$

$\hat{r}_{12}$은 m_1에서 m_2로 향하는 방향을 갖는 단위 벡터이다.

여기서 비례계수는 $k_m = \dfrac{1}{4\pi\mu_0} = 6.33 \times 10^4 \, [N \cdot m^2 / Wb^2]$의 값을 가지며 자유 공간에서의 투자율 $\mu_0 = 4\pi \times 10^{-7} \, [H/m]$이다.

m_1, m_2 두 자하의 극성이 같으면 서로 밀어내는 힘(척력)이 작용하며, 극성이 반대이면 서로 당기는 힘(인력)이 작용한다.

예제 $1\,Wb$의 자하량을 갖는 두 개의 자하 m_1, m_2가 $1\,m$ 거리를 두고 놓여 있을 때 작용하는 힘의 크기 F를 구하라.

풀이 $F = k_m \dfrac{m_1 m_2}{r_{12}^2} = \dfrac{m_1 m_2}{4\pi\mu_0 r_{12}^2} = 6.33 \times 10^4 \dfrac{1 \times 1}{1^2} = 6.33 \times 10^4 \, [N]$

5.3 자기장(Magnetic Field)

1 자기장(Magnetic Field)

자하 M에 의하여 발생하는 공간상의 임의의 점에서의 자기장은 시험 자하 m에 작용하는 자기력(벡터) $\vec{F}$ 를 사용하여 다음과 같이 정의된다.

$$\vec{F} = k_m \frac{Mm}{r^2} \hat{r} \quad (\hat{r}\text{은 } M\text{에서 } m \text{ 방향을 향하는 단위 벡터})$$

$$\vec{H} = \frac{\vec{F}}{m} = k_m \frac{M}{r^2} \hat{r} = \frac{M}{4\pi\mu_0 r^2} \hat{r} \quad [AT/m]$$

여기서 명심해야할 사항이 있다. 자기장의 크기만 놓고 보면 단위 자하 즉 1 Wb에 가해지는 자기력과 같다.

그러나 자기장의 단위 $[N/Wb = AT/m]$를 보면 알겠지만 자기장은 힘(자기력)이 아니다. 자기장은 자하가 존재하면 자기장에 의하여 그 자하에 가해지는 힘(자기력)의 크기와 방향을 알려준다.

자기장(Magnetic Field) H내에 존재하는 자하 량 m인 자하에 작용하는 Coulomb 자기력(Coulomb Magnetic Force) F는 다음과 같다.

$$\vec{F} = m\vec{H} \quad [N]$$

2 자기력선(Magnetic Field Line)

자기력선은 자유롭게 이동할 수 있는 미소 정 자하 즉 N극(North Pole) 자하가 자기장 내에 존재 할 때 이동할 수 있는 경로를 표현한 가상의 선이며 다음과 같은 성질을 갖는다.

- 자기장의 방향과 같은 방향을 갖는다.
- 자기력선의 밀도는 자기장의 크기와 같다.
- N극(North Pole)에서 출발하여 S(South Pole)극에서 끝난다.

3 자위(Magnetic Potential)

정의 점 자하 M 에 의한 위치 P 에서의 자위는 다음과 같이 정 자하 M 에 의한 자기장 내에서 시험 정 자하 m를 두 자하 사이의 척력이 0 무한 원점 $(r = \infty)$으로부터 두 전하 사이의 거리가 r만큼 되는 위치 P로 옮기는데 소요된 자기적 위치에너지 U_m을 사용하여 정의된다.

$$V_m = V_{mP,M} = \frac{U_m}{m} = \int_{\infty}^{r} -\overrightarrow{H} \cdot \overrightarrow{dr} = \int_{r}^{\infty} \overrightarrow{H} \cdot \overrightarrow{dr} = \frac{M}{4\pi\mu_0} \int_{r}^{\infty} \frac{dr}{r^2}$$

$$= \frac{M}{4\pi\mu_0 r} \, [AT]$$

여기서 명심해야할 사항이 있다. 자위는 그 크기만 놓고 보면 양의 단위 자하 즉 1 Wb의 시험 자하를 척력이 0 무한 원점 $(r = \infty)$으로부터 두 자하 사이의 거리가 r만큼 되는 위치 P로 옮기는데 소요된 자기적 위치에너지와 같다. 그러나 자위의 단위 $[J/Wb = AT]$를 보면 알겠지만 자위는 에너지가 아니다. 자위는 그 자위에 존재하는 자하가 정해지면 그 자하가 갖게 되는 위치에너지를 알려준다.

4 자위차(Magnetic Potential Difference)

자기장 $\overrightarrow{H}$를 이겨내면서 자기장의 반대방향으로 위치 B 에서 위치 A 로 양의 자하를 움직일 때 위치에너지의 차이는 다음과 같이 구해진다.

$$\triangle U_m = -m \int_{B}^{A} \overrightarrow{H} \cdot \overrightarrow{dl}$$

위치 에너지에서 자위를 생각할 때와 같은 원리로 두 위치 사이의 자위차는 다음과 같이 정의될 수 있다.

$$\triangle V_m = V_{mA} - V_{mB} = V_{mAB} = \frac{\triangle U_m}{m} = -\int_B^A \vec{H} \cdot \vec{dl}$$

양의 자하가 자기장을 거슬러서 반대 방향으로 이동하면 자기적 위치에너지가
증가하는 것으로 생각할 수 있다.

5.4 전류에 의한 자기장

1 비오-사바 법칙(Biot-Savart Law)

임의의 전류에 의해서 발생하는 자기장을 구할 수 있는 일반적인 방법을 구하
는 문제에 관해서 프랑스 학술원에서 공모 과제를 낸 적이 있으며 학술 공모전에
서 Grand Prix를 수상한 응모 논문이 오늘날 알려져 있는 Biot-Savart 법칙
(Biot-Savart Law)이며 그 상세한 내용은 아래와 같다.

아래 그림과 같이 전류 I가 흐르는 도선 상의 미소 길이 dl 부분에 의해서 r만
큼 떨어진 위치 P에 발생하는 미소 자계 $\overrightarrow{dH}$는 다음과 같이 주어진다.

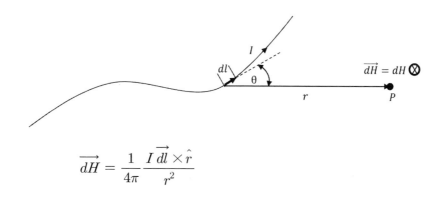

$$\overrightarrow{dH} = \frac{1}{4\pi} \frac{I \overrightarrow{dl} \times \hat{r}}{r^2}$$

여기에서 $\overrightarrow{dl}$은 크기는 dl이고 방향은 전류 I가 흐르는 방향인 벡터, $\hat{r}$은 r 방
향의 단위벡터이다. $\overrightarrow{dH}$는 크기는 $dH = \frac{1}{4\pi} \frac{I dl \sin\theta}{r^2}$이고 방향은 지면을 뚫고

들어가는 방향이 됨을 알 수 있다.

한편 전류가 흐르는 전체 도선에 의해 발생되는 자기장 $\vec{H}$는 다음과 같이 표현할 수 있다.

$$\vec{H} = \frac{1}{4\pi} \int_l \frac{I\,\vec{dl} \times \hat{r}}{r^2}$$

전기장을 구하는데 있어서 Coulomb의 법칙(Coulomb's Law)이 가장 기본적인 원리가 되는 것과 같이 Biot-Savart 법칙(Biot-Savart Law)은 자기장을 구하는데 있어서 가장 기본적인 원리를 알려주는 이론이다. 그러나 Biot-Savart 법칙(Biot-Savart Law)을 이용하여 실제로 자기장을 구하는 것은 몇 가지 형태의 경우밖에는 일반적으로 계산하기가 그렇게 쉽지 않고 상당히 복잡하다. 마치 전기장을 구하는데 있어서 Coulomb의 법칙(Coulomb's Law)이 가장 기본적인 원리식이지만 실제적인 공학 문제의 해결을 위해서는 Gauss 법칙(Gauss' Law)을 유용하게 사용하는 것처럼 자기장을 구하는데 있어서 Biot-Savart 법칙(Biot-Savart Law)이 가장 기본적인 원리식이지만 실제적인 공학 문제에서는 뒤에서 설명하게 될 Ampere 주회 법칙(Ampere's Circuital Law)을 매우 유용하게 사용할 수 있다.

아래의 예제를 통해서 Biot-Savart 법칙(Biot-Savart Law)을 이용하여 실제로 자기장을 구하는 것이 얼마나 만만치 않은 과정인지 보도록 하자.

예제 **전류 I가 흐르는 유한 길이의 도선에서 a만큼 떨어진 곳에서 자기장을 구하라.**

풀이 아래 그림과 같이 전류 I가 흐르는 도선 상의 미소 길이 dl 부분에 의해서 r만큼 떨어진 위치 P에 발생하는 미소 자계(또는 자기장) $\vec{dH}$는 다음과 같이 주어진다.

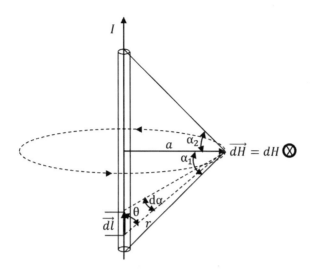

$$\overrightarrow{dH} = \frac{1}{4\pi} \frac{I\overrightarrow{dl} \times \hat{r}}{r^2}$$

여기에서 $\overrightarrow{dl}$ 은 크기는 dl 이고 방향은 전류 I가 흐르는 방향인 벡터, $\hat{r}$은 r 방향의 단위벡터이다. $\overrightarrow{dH}$ 는 크기는 $dH = \dfrac{1}{4\pi} \dfrac{Idl\sin\theta}{r^2}$ 이고 방향은 지면을 뚫고 들어가는 방향이 됨을 알 수 있다.

그림에서 $dl\sin\theta = rd\alpha$로 놓을 수 있고 편의상 지면을 뚫고 들어가는 방향의 단위 벡터를 그림과 달리 $\hat{t}$로 놓으면 미소 자기장 $\overrightarrow{dH}$는 다음과 같이 주어진다.

$$\overrightarrow{dH} = \frac{1}{4\pi} \frac{I\overrightarrow{dl} \times \hat{r}}{r^2} = \frac{I}{4\pi} \frac{dl\sin\theta}{r^2} \hat{t} = \frac{I}{4\pi} \frac{d\alpha}{r} \hat{t}$$

여기에서 $\cos\alpha = \dfrac{a}{r}$ 이고 $\dfrac{1}{r} = \dfrac{\cos\alpha}{a}$ 임을 고려하면 미소 자기장 $\overrightarrow{dH}$는 다음과 같이 표현된다.

$$\overrightarrow{dH} = \frac{1}{4\pi} \frac{I\overrightarrow{dl} \times \hat{r}}{r^2} = \frac{I}{4\pi} \frac{\cos\alpha d\alpha}{a} \hat{t}$$

이것을 유한 도선 전체에 대하여 계산하면 전체 자기장 $\vec{H}$는 다음과 같이 계산된다.

$$\vec{H} = \frac{1}{4\pi}\int_l \frac{I\vec{dl}\times\hat{r}}{r^2} = \frac{I}{4\pi}\left(\int_0^{\alpha_1}\frac{\cos\alpha \, d\alpha}{a} + \int_0^{\alpha_2}\frac{\cos\alpha \, d\alpha}{a}\right)\hat{t}$$

$$= \frac{I}{4\pi a}(\sin\alpha_1 + \sin\alpha_2)\hat{t}$$

예제 전류 I가 흐르는 무한 길이의 도선에서 a만큼 떨어진 곳에서 자기장을 구하라.

풀이 아래 그림과 같이 전류 I가 흐르는 도선 상의 미소 길이 dl 부분에 의해서 r만큼 떨어진 위치 P에 발생하는 미소 자계(또는 자기장) $\vec{dH}$는 다음과 같이 주어진다.

$$\vec{dH} = \frac{1}{4\pi}\frac{I\vec{dl}\times\hat{r}}{r^2}$$

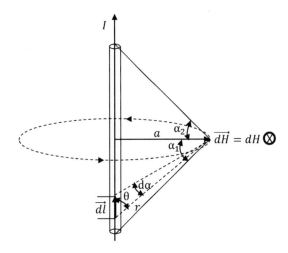

여기에서 $\vec{dl}$은 크기는 dl이고 방향은 전류 I가 흐르는 방향인 벡터, $\hat{r}$은 r 방향의 단위벡터이다. $\vec{dH}$는 크기는 $dH = \frac{1}{4\pi}\frac{I\,dl\sin\theta}{r^2}$이고

방향은 지면을 뚫고 들어가는 방향이 됨을 알 수 있다.

그림에서 $dl\sin\theta = rd\alpha$로 놓을 수 있고 편의상 지면을 뚫고 들어가는 방향의 단위 벡터를 그림과 달리 $\hat{t}$로 놓으면 미소 자기장 $\overrightarrow{dH}$는 다음과 같이 주어진다.

$$\overrightarrow{dH} = \frac{1}{4\pi}\frac{I\overrightarrow{dl}\times\hat{r}}{r^2} = \frac{I}{4\pi}\frac{dl\sin\theta}{r^2}\hat{t} = \frac{I}{4\pi}\frac{d\alpha}{r}\hat{t}$$

여기에서 $\cos\alpha = \dfrac{a}{r}$이고 $\dfrac{1}{r} = \dfrac{\cos\alpha}{a}$임을 고려하면 미소 자기장 $\overrightarrow{dH}$는 다음과 같이 표현된다.

$$\overrightarrow{dH} = \frac{1}{4\pi}\frac{I\overrightarrow{dl}\times\hat{r}}{r^2} = \frac{I}{4\pi}\frac{\cos\alpha d\alpha}{a}\hat{t}$$

이것을 유한 도선 전체에 대하여 계산하면 전체 자기장 $\overrightarrow{H}$는 다음과 같이 계산된다.

$$\overrightarrow{H} = \frac{1}{4\pi}\int_l \frac{I\overrightarrow{dl}\times\hat{r}}{r^2} = \frac{I}{4\pi}\left(\int_0^{\alpha_1}\frac{\cos\alpha d\alpha}{a} + \int_0^{\alpha_2}\frac{\cos\alpha d\alpha}{a}\right)\hat{t}$$

$$= \frac{I}{4\pi a}(\sin\alpha_1 + \sin\alpha_2)\hat{t}$$

무한 길이의 도선인 경우 $\alpha_1 = \alpha_2 = \dfrac{\pi}{2}$이므로 $\sin\alpha_1 = \sin\alpha_2 = 1$이고 전체 자기장 $\overrightarrow{H}$는 다음과 같다.

$$\overrightarrow{H} = \frac{1}{4\pi}\int_l \frac{I\overrightarrow{dl}\times\hat{r}}{r^2} = \frac{I}{4\pi}\left(\int_0^{\alpha_1}\frac{\cos\alpha d\alpha}{a} + \int_0^{\alpha_2}\frac{\cos\alpha d\alpha}{a}\right)\hat{t}$$

$$= \frac{I}{4\pi a}(\sin\alpha_1 + \sin\alpha_2)\hat{t} = \frac{I}{4\pi a}(1+1)\hat{t} = \frac{I}{2\pi a}\hat{t}$$

1 가우스 법칙 (Gauss' Law)

암페어의 주회법칙(Ampere's Circuital Law)은 개념적으로 가우스 법칙(Gauss' Law)과 매우 유사한 법칙이다. 이것을 확인하기 위해 간단히 가우스 법칙(Gauss' Law)을 먼저 소개하기로 한다.

그림과 같이 점전하 Q 를 둘러싸고 있는 반경 r인 가상의 구 표면인 폐곡면(Gauss 폐곡면)을 생각하면 그 표면을 통과하는 전기 선속은 내부 전하의 총량과 같으므로 다음과 같이 계산할 수 있다.

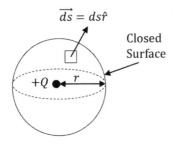

$\hat{r}$을 구의 중심에서 r 방향을 향하는 단위 벡터라 할 때 반경 r인 구의 표면에서는 전속밀도 D의 크기가 θ와 ϕ의 함수가 아니므로 아래와 같이 계산된다.

$$\Psi = \oint \vec{D} \cdot \vec{ds} = \oint D\hat{r} \cdot r^2 \sin\theta\, d\theta\, d\phi\, \hat{r}$$

$$= Dr^2 \int_0^{2\pi} \int_0^{\pi} \sin\theta\, d\theta\, d\phi = 4\pi r^2 D = Q$$

② 암페어의 오른나사 법칙(Ampere's Right-Handed Screw Law)

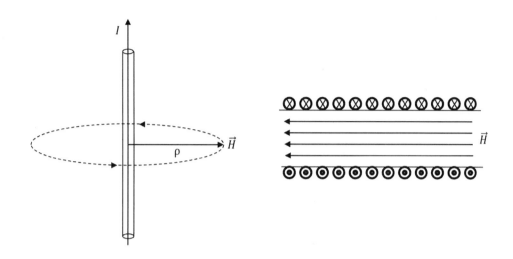

1820년에 덴마크의 물리학자 Hans Christian Oersted(1777~1851)이 전류가 흐르는 도선 근처에 있는 나침반의 바늘이 일정한 움직임을 보이는 것을 발견하였다. 이로부터 전류가 흐르는 도선 주위에 자기장이 형성된다는 사실을 알게 되었다. 위 그림의 왼쪽에서 보이는 바와 같이 전류가 흐르는 도선과 나란히 엄지손가락을 놓았을 때 자기장은 손가락이 감싸는 방향으로 발생한다. 또한 위 그림의 오른쪽에서 보이는 바와 같이 솔레노이드(Solenoid)인 경우에는 솔레노이드 코일(Solenoid Coil)의 전류가 흐르는 방향으로 손가락을 감쌌을 때 엄지손가락이 가리키는 방향으로 자기장이 형성된다는 사실을 알게 되었다. 이것을 암페어의 오른나사 법칙(Ampere's Right-Handed Screw Law)이라 한다.

③ 암페어의 주회법칙(Ampere's Circuital Law)

암페어의 주회법칙(Ampere's Circuital Law)은 자계를 폐곡선을 따라 선 적분을 한 결과는 선 적분을 행한 폐 경로 내에 포함된 전체 전류 I가 됨을 의미한다.

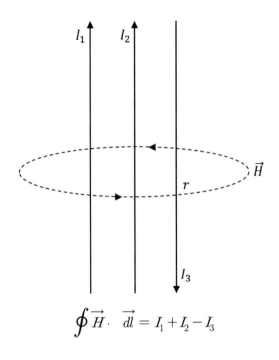

$$\oint \vec{H} \cdot \vec{dl} = I_1 + I_2 - I_3$$

여기에서 선 적분(Line integral)은 어떤 표면 S 주위를 둘러싸고 있는 폐 경로를 따라 적분연산을 하는 것을 말한다.

암페어의 주회법칙(Ampere's Circuital Law)을 적용하여 자기장을 계산할 때는 마치 전기장을 구하기 위해 가우스 법칙(Gauss' Law)을 적용할 경우와 마찬가지로 항상 대칭성을 고려하여야 함을 명심하도록 하자.

암페어의 주회법칙(Ampere's Circuital Law)을 표현하는 수식 자체는 항상 진리(true)이다. 그러나 실제 계산은 적분하는 경로에 대칭성이 생기도록 의도적으로 설계한 경우가 아니면 사실상 불가능함을 알도록 하자.

위 그림에서 전류 I_2에 의한 자기장을 구하고자 하는 가상의 원의 반경 ρ를 생각할 때 전류 I_2에 의해서 발생하는 자기장은 가상의 원위의 경로 $\vec{dl}$ 위에서 항상 일정하다는 의미에서 대칭성이 성립한다.

그러나 전류 I_1에 의한 자기장은 위 그림의 가상의 원의 반경 ρ 위의 경로 $\vec{dl}$ 위에서 항상 일정하지 않고 대칭성이 성립하지 않는다. 마찬가지로 전류 I_3에 의

한 자기장 역시 위 그림의 가상의 원의 반경 ρ 위의 경로 $\overrightarrow{dl}$ 위에서 항상 일정하지 않고 대칭성이 성립하지 않는다.

따라서 암페어의 주회법칙(Ampere's Circuital Law)을 표현하는 위의 수식 자체는 성립하지만 대칭성을 갖지 않기 때문에 실제 계산은 불가함을 명심하도록 하자.

예제 전류 I가 흐르는 무한 길이의 도선에서 ρ만큼 떨어진 곳에서 자기장을 구하라.

풀이

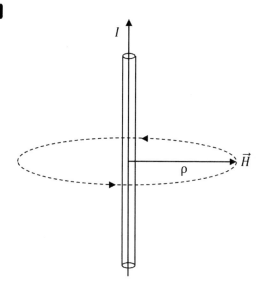

위 그림과 같이 전류 I가 흐르는 도선에서 ρ만큼 떨어진 위치를 지나는 가상의 대칭성이 있는 폐 경로를 따라서 선 적분을 한 결과는 암페어의 주회법칙(Ampere's Circuital Law)에 따라 다음과 같이 주어진다.

$$\oint \overrightarrow{H} \cdot \overrightarrow{dl} = \int_0^{2\pi} H\hat{\phi} \cdot \rho d\phi \hat{\phi} = H\rho \int_0^{2\pi} d\phi = 2\pi\rho H = I$$

따라서 자기장 H는 다음과 같다.

$$\overrightarrow{H} = \frac{I}{2\pi\rho} \hat{\phi}$$

예제 그림과 같이 반지름이 R이고, 총 전류 I가 균일하게 흐르는 원통형 도선이 있다. 다음 두 영역에서 자기장 H를 구하라.

(1) $\rho \geq R$ **(2)** $\rho < R$

풀이

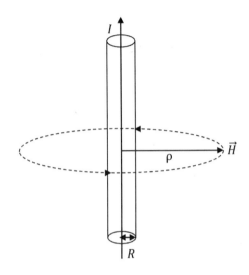

(1) $\rho \geq R$ 영역에서 위 그림과 같이 전류 I가 흐르는 도선에서 ρ만큼 떨어진 위치를 지나는 가상의 대칭성이 있는 폐 경로를 따라서 선 적분을 한 결과는 암페어의 주회법칙(Ampere's Circuital Law)에 따라 다음과 같이 주어진다.

$$\oint \vec{H} \cdot \vec{dl} = \int_0^{2\pi} H\hat{\phi} \cdot \rho d\phi \hat{\phi} = H\rho \int_0^{2\pi} d\phi = 2\pi\rho H = I$$

따라서 자기장 H는 다음과 같다.

$$\vec{H} = \frac{I}{2\pi\rho}\hat{\phi}$$

(2) $\rho < R$ 영역에서 전류 I가 균일하게 흐르는 도선의 중심에서 ρ만큼 떨어진 위치를 지나는 가상의 대칭성이 있는 폐 경로를 따라서 선 적분을 한 결과는 암페어의 주회법칙(Ampere's Circuital Law)에 따라 다음과 같이 주어진다.

$$\oint \vec{H} \cdot \vec{dl} = \int_0^{2\pi} H\hat{\phi} \cdot \rho d\phi \hat{\phi} = H\rho \int_0^{2\pi} d\phi = 2\pi \rho H = I(\frac{\pi \rho^2}{\pi R^2})$$

따라서 자기장 H는 다음과 같다.

$$\vec{H} = \frac{I}{2\pi R^2} \rho \hat{\phi}$$

예제 전류 I가 흐르는 유한 길이의 도선에서 ρ만큼 떨어진 곳에서 자기장을 구하라.

풀이 아래 그림과 같이 전류 I가 흐르는 유한 길이의 도선에서 ρ만큼 떨어진 위치에서의 자기장 $\vec{H}$는 다음과 같이 직접 계산하지 않고 구할 수 있다.

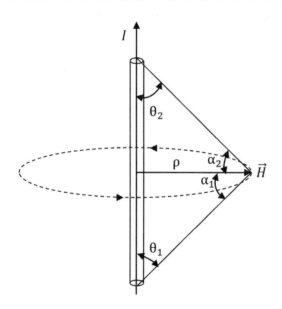

우선 무한 길이의 도선인 경우 $\alpha_1 = \alpha_2 = \frac{\pi}{2}$이므로 $\sin\alpha_1 = \sin\alpha_2 = 1$, $\theta_1 = \theta_2 = 0$이므로 $\cos\theta_1 = \cos\theta_2 = 1$이고 전체 자기장 $\vec{H}$는 다음과 같이 구해진다는 것을 알고 있다.

$$\vec{H} = \frac{I}{4\pi\rho}(\sin\alpha_1 + \sin\alpha_2)\hat{\phi} = \frac{I}{4\pi\rho}(1+1)\hat{\phi} = \frac{I}{2\pi\rho}\hat{\phi} \ \ \text{또는}$$

$$\vec{H} = \frac{I}{4\pi\rho}(\cos\theta_1 + \cos\theta_2)\hat{\phi} = \frac{I}{4\pi\rho}(1+1)\hat{\phi} = \frac{I}{2\pi\rho}\hat{\phi}$$

따라서 유한 도선에 대한 자기장 $\vec{H}$는 다음과 같다는 사실이 쉽게 추론되어 얻어질 수 있다.

$$\vec{H} = \frac{I}{4\pi\rho}(\sin\alpha_1 + \sin\alpha_2)\hat{\phi} = \frac{I}{4\pi\rho}(\cos\theta_1 + \cos\theta_2)\hat{\phi}$$

예제 아래 그림의 오른쪽과 같은 형태의 전류 I가 흐르는 유한 길이의 도선에서 도선 맨 밑 부분에서 ρ만큼 떨어진 곳에서 자기장을 구하라.

풀이

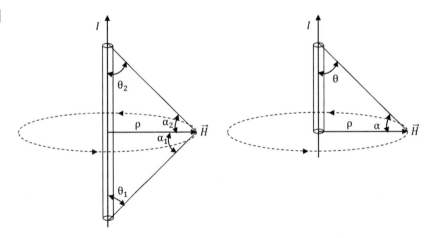

위 그림과 같이 전류 I가 흐르는 유한 길이의 도선에서 ρ만큼 떨어진 위치에서의 자기장 $\vec{H}$는 다음과 같이 직접 계산하지 않고 구할 수 있다. 도선 맨 밑 부분이 아닌 중간 부분에서의 유한 도선에 대한 자기장 $\vec{H}$는 다음과 같다는 사실을 알고 있다.

$$\vec{H} = \frac{I}{4\pi\rho}(\sin\alpha_1 + \sin\alpha_2)\hat{\phi} = \frac{I}{4\pi\rho}(\cos\theta_1 + \cos\theta_2)\hat{\phi}$$

이 경우에는 $\alpha_1 = 0$이므로 $\sin\alpha_1 = 0$ 또는 $\theta_1 = \dfrac{\pi}{2}$이므로 $\cos\theta_1 = 0$인

경우이므로 $\alpha_2 = \alpha$, $\theta_2 = \theta$로 놓으면 전체 자기장 $\vec{H}$는 다음과 같이 구

할 수 있다.

$$\vec{H} = \frac{I}{4\pi\rho}\sin\alpha\,\hat{\phi} = \frac{I}{4\pi\rho}\cos\theta\,\hat{\phi}$$

예제 아래 그림의 오른쪽과 같은 형태의 전류 I가 흐르는 충분히 긴 길이(무한 길이)의 도선에서 도선 맨 밑 부분에서 ρ만큼 떨어진 곳에서 자기장을 구하라.

풀이

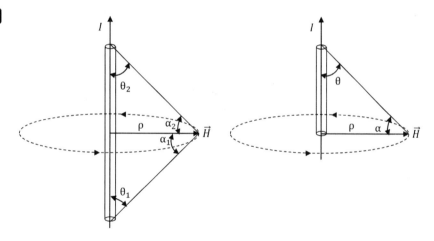

위 그림과 같이 전류 I가 흐르는 유한 길이의 도선에서 ρ만큼 떨어진 위치에서의 자기장 $\vec{H}$는 다음과 같이 직접 계산하지 않고 구할 수 있다. 도선 맨 밑 부분이 아닌 중간 부분에서의 유한 도선에 대한 자기장 $\vec{H}$는 다음과 같다는 사실을 알고 있다.

$$\overrightarrow{H} = \frac{I}{4\pi\rho}(\sin\alpha_1 + \sin\alpha_2)\hat{\phi} = \frac{I}{4\pi\rho}(\cos\theta_1 + \cos\theta_2)\hat{\phi}$$

이 경우에는 $\alpha_1 = 0$이므로 $\sin\alpha_1 = 0$ 또는 $\theta_1 = \frac{\pi}{2}$이므로 $\cos\theta_1 = 0$인

경우이므로 $\alpha_2 = \alpha$, $\theta_2 = \theta$로 놓으면 전체 자기장 $\overrightarrow{H}$는 다음과 같이 구

할 수 있다.

$$\overrightarrow{H} = \frac{I}{4\pi\rho}\sin\alpha\,\hat{\phi} = \frac{I}{4\pi\rho}\cos\theta\,\hat{\phi}$$

여기에서 무한 길이의 도선인 경우 $\alpha = \frac{\pi}{2}$이므로 $\sin\alpha = 1$ 또는 $\theta = 0$

이므로 $\cos\theta = 1$인 경우이므로 전체 자기장 $\overrightarrow{H}$는 다음과 같이 구할 수

있다.

$$\overrightarrow{H} = \frac{I}{4\pi\rho}\hat{\phi}$$

예제 아래 그림과 같은 형태의 무한 길이의 솔레노이드(Solenoid)에 단위 길이
당 N번의 권선이 감겨 있고 전류 I가 흐르는 경우 내부와 외부에서 자기장을
구하라.

풀이

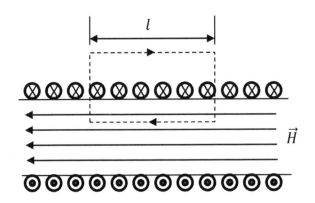

위 그림과 같이 전류 I가 흐르는 무한 장 솔레노이드에는 내부에만 자기장이 형성된다. 위 그림의 점선으로 표시된 경로를 따라 암페어의 주회법칙(Ampere's Circuital Law)을 적용하면 솔레노이드 내부의 자기장 $\vec{H}$는 다음과 같이 구할 수 있다.

$$\oint \vec{H} \cdot \vec{dl} = Hl + 0 + 0 + 0 = lNI \text{ 이므로 } H = NI \text{ 이다.}$$

한편 솔레노이드(Solenoid) 외부의 자기장은 $H=0$이다.

예제 아래 그림과 같은 원형 솔레노이드(Solenoid) 즉 토로이드(Toroid)에 N번의 권선이 감겨 있고 전류 I가 흐르는 경우 내부와 외부에서 자기장을 구하라.

풀이

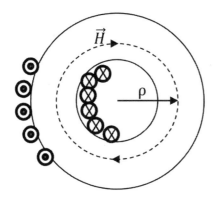

위 그림과 같이 전류 I가 흐르는 토로이드에는 내부에만 자기장이 형성된다. 위 그림의 점선으로 표시된 경로를 따라 암페어의 주회법칙(Ampere'Circuital Law)을 적용하면 토로이드 내부의 자기장 $\vec{H}$는 다음과 같이 구할 수 있다.

$$\oint \overrightarrow{H} \cdot \overrightarrow{dl} = \int_0^{2\pi} H\hat{\phi} \cdot \rho d\phi \hat{\phi} = \int_0^{2\pi} H\rho d\phi = H2\pi\rho = NI$$

따라서 $H = \dfrac{NI}{2\pi\rho}$ 이다.

한편 토로이드(Toroid) 외부의 자기장은 $H = 0$이다.

예제 아래 단면 그림과 같이 간격 $0.04[m]$로 떨어진 무한 길이의 도선 A, B에 각 각 같은 방향의 전류 $I_A = 0.1[A]$, $I_B = 0.05[A]$가 흐르는 경우 도선 A, B의 단면을 일직선으로 연결한 가상의 선 위에서 도선 A에서 $\rho_A = 0.04[m]$, 도선 B에서 $\rho_B = 0.08[m]$에 위치한 점 P에서의 자기장을 구하시오. 또한 같은 가상의 선 위에서 자기장의 세기가 0이 되는 지점이 도선 B로부터 도선 A방향으로 몇$[m]$인지 구하시오.

풀이

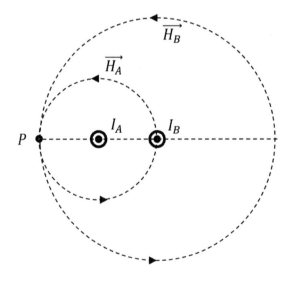

점 P에서의 자기장 H_A와 H_B는 암페어의 주회법칙 (Ampere's Circuital Law)을 적용하면 각 각 아래와 같이 구해진다.

$$H_A = \frac{I_A}{2\pi\rho_A} = \frac{0.1}{2\pi(0.04)} = \frac{5}{4\pi}[A/m]$$

$$H_B = \frac{I_B}{2\pi\rho_B} = \frac{0.05}{2\pi(0.08)} = \frac{5}{16\pi}[A/m]$$

자기장 H_A와 H_B은 방향이 같으므로 점 P에서의 자기장 H는 다음과 같이 구해진다.

$$H = H_A + H_B = \frac{5}{4\pi} + \frac{5}{16\pi} = \frac{25}{16\pi}[A/m]$$

한편 도선 A, B의 단면을 일직선으로 연결한 가상의 선 위에서 도선 B로부터 도선 A방향으로 $x[m]$ 떨어진 위치에서 자기장 H_A와 H_B는 암페어의 주회법칙 (Ampere's Circuital Law)을 적용하면 각각 아래와 같이 구해진다.

$$H_A = \frac{I_A}{2\pi(0.04-x)} = \frac{0.1}{2\pi(0.04-x)}[A/m]$$

$$H_B = \frac{I_B}{2\pi x} = \frac{0.05}{2\pi x}[A/m]$$

자기장 H_A와 H_B은 방향이 반대이므로 두 자기장의 크기가 같은 조건을 구하면 그 위치에서의 자기장은 0이 된다.

$$\frac{0.1}{2\pi(0.04-x)} = \frac{0.05}{2\pi x} \quad \text{로부터} \quad x = \frac{0.04}{3}[m] \text{이다.}$$

예제 아래 단면 그림과 같이 간격 $0.04[m]$로 떨어진 무한 길이의 도선 A, B에 각 각 반대 방향의 전류 $I_A = 0.1[A]$, $I_B = 0.05[A]$가 흐르는 경우 도선 A, B의 단면을 일직선으로 연결한 가상의 선 위에서 도선 A에서 $\rho_A = 0.04[m]$, 도선 B에서 $\rho_B = 0.08[m]$에 위치한 점 P에서의 자기장을 구하시오. 또한 같은 가상의 선 위에서 자기장의 세기가 0이 되는 지점이 도선 B로부터 도선 A 반대 방향으로 몇$[m]$인지 구하시오.

풀이

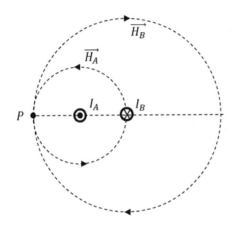

점 P에서의 자기장 H_A와 H_B는 암페어의 주회법칙 (Ampere's Circuital Law)을 적용하면 각 각 아래와 같이 구해진다.

$$H_A = \frac{I_A}{2\pi \rho_A} = \frac{0.1}{2\pi (0.04)} = \frac{5}{4\pi}[A/m]$$

$$H_B = \frac{I_B}{2\pi \rho_B} = \frac{0.05}{2\pi (0.08)} = \frac{5}{16\pi}[A/m]$$

자기장 H_A와 H_B은 방향이 반대이고 크기는 H_A가 H_B보다 크다. 따라서 점 P에서의 자기장 H는 방향은 H_A와 같고 크기는 다음과 같다.

$$H = H_A - H_B = \frac{5}{4\pi} - \frac{5}{16\pi} = \frac{15}{16\pi}[A/m]$$

한편 도선 A, B의 단면을 일직선으로 연결한 가상의 선 위에서 도선 B로부터 도선 A의 반대 방향으로 $x[m]$ 떨어진 위치에서 자기장 H_A와 H_B는 암페어의 주회법칙(Ampere's Circuital Law)을 적용하면 각각 아래와 같이 구해진다.

$$H_A = \frac{I_A}{2\pi(0.04+x)} = \frac{0.1}{2\pi(0.04+x)}[A/m]$$

$$H_B = \frac{I_B}{2\pi x} = \frac{0.05}{2\pi x}[A/m]$$

자기장 H_A와 H_B은 방향이 반대이므로 두 자기장의 크기가 같은 조건을 구하면 그 위치에서의 자기장은 0이 된다.

$\dfrac{0.1}{2\pi(0.04+x)} = \dfrac{0.05}{2\pi x}$ 로부터 $x = 0.04[m]$이다.

4 자기장 내에서 전류가 흐르는 도체가 받는 힘

전기장 $E[V/m]$에 대하여 전속 밀도 $D = \epsilon E\,[C/m^2]$를 정의하는 것과 마찬가지로 자기장 $H[At/m]$에 대하여 자속 밀도 $B = \mu H\,[Wb/m^2 = Tesla]$를 정의하여 생각한다.

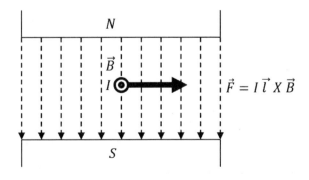

아래 그림과 같이 자속 밀도 $B[Wb/m^2 = Tesla]$인 자기장 안에 길이 $l[m]$인 도선을 통하여 지면 밖으로 나오는 방향의 전류 $I[A]$가 흐르는 경우 전류가 흐르는 도선은 다음 식으로 표현되는 기계적인 힘(Force)을 받는다.

$$\vec{F} = I\vec{l} \times \vec{B}$$

여기에서 벡터 $\vec{l}$은 크기는 자기장 내의 도선의 길이 l이고 방향은 전류 I가 흐르는 방향을 취한다.

5 자기장 내에서 움직이는 전하가 받는 힘

자속 밀도 $B[Wb/m^2 = Tesla]$인 자기장 안에 전하 $q[C]$가 $v[m/\sec]$의 속도로 움직이는 경우 전하는 다음 식으로 표현되는 기계적인 힘(Force)을 받는다.

$$\vec{F} = q\,\vec{v} \times \vec{B}$$

$v[m/\sec]$의 속도로 움직이는 전하 $q[C]$에 전기장 $E[V/m]$와 자속 밀도 $B[Wb/m^2 = Tesla]$가 동시에 가해지는 경우 전체적으로 다음의 전자기력을 받는다.

$$\vec{F} = q(\vec{E} + \vec{v} \times \vec{B})$$

이것을 로렌츠의 힘(Lorentz's Force)이라 한다.

6 전류가 흐르는 평행 도체 상호간에 작용하는 힘

전류가 흐르는 두 도선 A, B를 서로 평행하게 놓으면 도선 A에 흐르는 전류 I_A에 의해서 도선 B가 놓인 위치에 자기장이 발생하며 암페어의 주회법칙(Ampere's Circuital Law)을 이용하여 구할 수 있다. 또한 도선 B에 흐르는 전류 I_B에 의해서 도선 A가 놓인 위치에 자기장이 발생하며 역시 암페어의 주회법칙(Ampere's Circuital Law)을 이용하여 구할 수 있다. 각 각의 전류에 의한 자기장에 놓여있는 상대방 전류가 흐르는 권선은 각 각 기계적인 힘(Force)을 받게 되는데 다음의 예제들을 통하여 구체적인 내용을 파악해 보도록 하자.

> **예제** 아래 그림과 같이 같은 방향의 전류가 흐르는 두 도선 A, B가 서로 d만큼 떨어진 거리에 평행하게 놓여 있다. 도선 A에 흐르는 전류 I_A가 만드는 자기장에 의해 전류 I_B가 흐르는 길이 l인 도선 B에 작용하는 힘과 도선 B에 흐르는 전류 I_B가 만드는 자기장에 의해 전류 I_A가 흐르는 길이 l인 도선 A에 작용하는 힘을 구하라.

> **풀이** 도선 A를 통해서 흐르는 전류 I_A에 의해 d만큼 떨어진 전류 I_B가 흐르는 위치에 생성되는 자기장은 암페어의 주회법칙(Ampere's Circuital Law)으로 다음과 같이 구해진다.

$$B_A = \mu_0 H_A = \mu_0 \frac{I_A}{2\pi d}$$

길이 l의 전류 I_B가 흐르는 도선 B에 작용하는 힘은 다음과 같이 도선 A쪽으로 끌리는 방향으로 구해진다.

$$\overrightarrow{F_B} = I_B \vec{l} \times \overrightarrow{B_A}$$

여기에서 $\vec{l}$은 크기는 l 이고 전류 I_B가 흐르는 방향인 벡터, $\overrightarrow{B_A}$는 전류 I_A가 만드는 자기장으로 크기는 B_A이고 지면으로 들어가는 방향인 벡터, $\overrightarrow{F_B}$는 $\vec{l}$에서 $\overrightarrow{B_A}$로 오른 나사를 돌릴 때 진행 방향인 벡터 이다.

힘의 크기 F_B는 다음과 같으며 도선 A쪽으로 끌리는 방향이다.

$$F_B = I_B l B_A = \mu_0 \frac{I_B I_A l}{2\pi d}$$

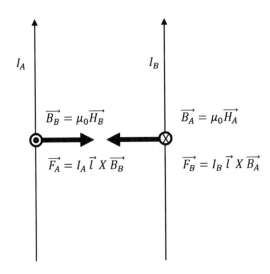

도선 B를 통해서 흐르는 전류 I_B에 의해 d만큼 떨어진 전류 I_A가 흐르는 위치에 생성되는 자기장은 암페어의 주회법칙(Ampere's Circuital Law)으로 다음과 같이 구해진다.

$$B_B = \mu_0 H_B = \mu_0 \frac{I_B}{2\pi d}$$

길이 l의 전류 I_A가 흐르는 도선 A에 작용하는 힘은 다음과 같이 도선 B쪽으로 끌리는 방향으로 구해진다.

$$\overrightarrow{F_A} = I_A \vec{l} \times \overrightarrow{B_B}$$

여기에서 $\vec{l}$은 크기는 l 이고 전류 I_A가 흐르는 방향인 벡터, $\overrightarrow{B_B}$는 전류 I_B가 만드는 자기장으로 크기는 B_B이고 지면을 뚫고 나오는 방향인 벡터, $\overrightarrow{F_A}$는 $\vec{l}$에서 $\overrightarrow{B_B}$로 오른 나사를 돌릴 때 진행 방향인 벡터 이다.

힘의 크기 F_A는 다음과 같으며 도선 B쪽으로 끌리는 방향이다.

$$F_A = I_A l B_B = \mu_0 \frac{I_A I_B l}{2\pi d}$$

따라서 두 도선 상호간에는 서로 잡아당기는 인력이 작용함을 알 수 있다.

예제 아래 그림과 같이 같은 방향의 전류가 흐르는 두 도선 A, B가 서로 d만큼 떨어진 거리에 평행하게 놓여 있다. 도선 A에 흐르는 전류 I_A가 만드는 자기장에 의해 전류 I_B가 흐르는 길이 l인 도선 B에 작용하는 힘과 도선 B에 흐르는 전류 I_B가 만드는 자기장에 의해 전류 I_A가 흐르는 길이 l인 도선 A에 작용하는 힘을 구하라.

풀이 도선 A를 통해서 흐르는 전류 I_A에 의해 d 만큼 떨어진 전류 I_B가 흐르는 위치에 생성되는 자기장은 암페어의 주회법칙(Ampere's Circuital Law)으로 다음과 같이 구해진다.

$$B_A = \mu_0 H_A = \mu_0 \frac{I_A}{2\pi d}$$

길이 l의 전류 I_B가 흐르는 도선 B에 작용하는 힘은 다음과 같이 도선 A쪽 반대로 밀리는 방향으로 구해진다.

$$\overrightarrow{F_B} = I_B \vec{l} \times \overrightarrow{B_A}$$

여기에서 $\vec{l}$은 크기는 l 이고 전류 I_B가 흐르는 방향인 벡터, $\overrightarrow{B_A}$는 전류 I_A가 만드는 자기장으로 크기는 B_A이고 지면으로 들어가는 방향인 벡터, $\overrightarrow{F_B}$는 $\vec{l}$에서 $\overrightarrow{B_A}$로 오른 나사를 돌릴 때 진행 방향인 벡터이다.

힘의 크기 F_B는 다음과 같으며 도선 A쪽 반대로 밀리는 방향이다.

$$F_B = I_B l B_A = \mu_0 \frac{I_B I_A l}{2\pi d}$$

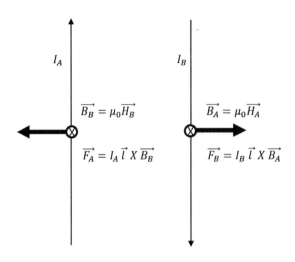

도선 B를 통해서 흐르는 전류 I_B에 의해 d만큼 떨어진 전류 I_A가 흐르는 위치에 생성되는 자기장은 암페어의 주회법칙(Ampere's Circuital Law)으로 다음과 같이 구해진다.

$$B_B = \mu_0 H_B = \mu_0 \frac{I_B}{2\pi d}$$

길이 l의 전류 I_A가 흐르는 도선 A에 작용하는 힘은 다음과 같이 도선 B쪽 반대로 밀리는 방향으로 구해진다.

$$\overrightarrow{F_A} = I_A \vec{l} \times \overrightarrow{B_B}$$

여기에서 $\vec{l}$은 크기는 l 이고 전류 I_A가 흐르는 방향인 벡터, $\overrightarrow{B_B}$는 전류 I_B가 만드는 자기장으로 크기는 B_B이고 지면으로 들어가는 방향인 벡터, $\overrightarrow{F_A}$는 $\vec{l}$에서 $\overrightarrow{B_B}$로 오른 나사를 돌릴 때 진행 방향인 벡터이다.

힘의 크기 F_A는 다음과 같으며 도선 B쪽 반대로 밀리는 방향이다.

$$F_A = I_A l B_B = \mu_0 \frac{I_A I_B l}{2\pi d}$$

따라서 두 도선 상호간에는 서로 밀어내는 척력이 작용함을 알 수 있다.

7 핀치 효과, 홀 효과와 스트레치 효과

핀치 효과(Pinch Effect) : 액체 도체에 전류를 흘리면 전류의 방향과 수직인 방향으로 원형 자기장이 발생한다. 이 자기장에 의하여 액체내의 양의 하전 입자에는 구심 방향의 기계적인 힘이 작용하여 액체 단면이 수축한다. 액체 단면이 수축하면 저항이 증가하게 되어 전류가 감소하며 수축력이 감소한다. 다시 저항이 감소하게 되어 전류가 증가하여 수축력이 증가한다. 따라서 액체도체의 전류가 흐르는 단면은 수축과 팽창을 반복하게 되는데 이러한 현상을 핀치 효과(Pinch Effect)라 한다.

홀 효과(Hall Effect): 아래 그림과 같이 전류가 흐를 수 있는 도체나 반도체에 외부에서 일정한 전류를 흘리는 조건에서 전류에 수직인 방향으로 자속 밀도가 B인 외부 자기장이 가해지면 전류와 자기장에 수직인 방향으로 자기장에 비례하는 전압이 유기되는데 이러한 현상을 홀 효과(Hall Effect)라 하며 자기장의 크기를 측정할 수 있는 중요한 원리이다.

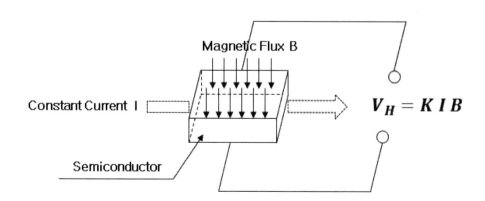

스트레치 효과(Stretch Effect): 아래 그림에서 보이는 바와 같이 신축성이 있는 직사각형의 도선에 충분한 크기의 전류를 흘리게 되면 마주보는 평행 도선에서 전류가 반대로 흐르는 경우이므로 상호간에 서로 밀어내는 척력이 작용하여 최종적으로 도선이 원형을 이루게 되는데 이러한 현상을 스트레치 효과(Stretch Effect)라 한다.

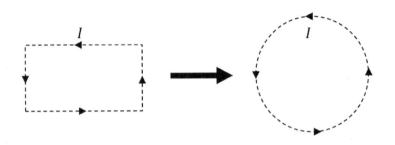

5.6 유도용량(Inductance)

1 유도용량

전기장에 대한 유전체의 효과를 설명할 때 자유공간 또는 공기의 유전율 ϵ_0에 대하여 유전체에 전기장이 가해지는 경우에 비 유전율($\epsilon_r > 1$)이 곱해지는 만큼 유전율이 증가하는 효과가 있다는 것을 알고 있다.

마찬가지로 자유공간 또는 공기의 투자율 μ_0에 대하여 자성체에 자기장이 가해지는 경우에 비 투자율($\mu_r > 1$)만큼 투자율이 증가하는 효과가 있다.

자유 공간 또는 투자율이 $\mu = \mu_r \mu_0$인 자성체를 포함하는 전류 $I[A]$가 흐르는 도선(Coil)에 의하여 자기장 $H[A/m]$이 발생한다. 자속밀도는 $B = \mu H [Wb/m^2]$이므로 자속이 통과하는 경로의 단면적 $A[m^2]$을 알 수 있다면 Coil 하나를 쇄교하는 자속 $\Phi_{coil}[Wb]$을 구할 수 있다. Coil이 $N[Turn]$ 감겨 있다면 전체 쇄교자속은 $\Phi = N\Phi_{coil}[Wb]$로 구해진다. 이러한 회로 부품을 Inductor라고 하며 Coil에 $I[A]$의 전류가 흐르고 전체 쇄교자속이 $\Phi = N\Phi_{coil}[Wb]$가 된다면, 다음의 관계가 성립한다.

$$\Phi = LI \text{ 또는 } L = \frac{\Phi}{I}[Henry]$$

여기에서 전체 쇄교자속과 전류 사이의 비례 계수인 $L = \frac{\Phi}{I}[Henry]$를 유도용량(Inductance)이라고 한다.

예제 아래 그림과 같은 형태의 단면적이 $A[m^2]$인 무한 길이의 솔레노이드(Solenoid)에 길이 $l[m]$당 N번의 권선이 감겨 있고 전류 I가 흐르는 경우 유도용량(Inductance)을 구하라.

풀이

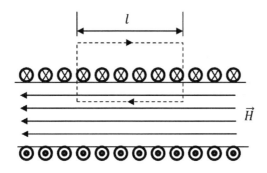

위 그림과 같이 전류 I가 흐르는 무한 장 솔레노이드에는 솔레노이드(Solenoid) 외부의 자기장은 $H = 0$이고 내부에만 자기장이 형성된다. 위 그림의 점선으로 표시된 경로를 따라 암페어의 주회법칙 (Ampere's Circuital Law)을 적용하면 솔레노이드 내부의 자기장 $\vec{H}$는 다음과 같이 구할 수 있다.

$$\oint \vec{H} \cdot \vec{dl} = Hl + 0 + 0 + 0 = NI \text{ 이므로 } H = \frac{NI}{l} \text{ 이다.}$$

전체 쇄교자속은 다음과 같이 구해진다.

$$\Phi = N\Phi_{coil} = NAB = NA\mu H = \mu N^2 \frac{AI}{l} [Wb]$$

유도 용량은 다음과 같다.

$$L = \frac{\Phi}{I} = \mu N^2 \frac{A}{l} [Henry]$$

예제 아래 그림과 같이 자속 쇄교 부의 단면적이 $A[m^2]$인 **토로이드(Toroid)**에 N 번의 권선이 감겨 있고 전류 I가 흐르는 경우 내부와 외부에서 자기장을 구하라.

풀이

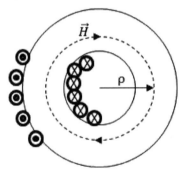

위 그림과 같이 전류 I가 흐르는 토로이드에는 내부에만 자기장이 형성된다. 위 그림의 점선으로 표시된 경로를 따라 암페어의 주회법칙(Ampere's Circuital Law)을 적용하면 토로이드 내부의 자기장 $\vec{H}$는 다음과 같이 구할 수 있다.

$$\oint \vec{H} \cdot \ \vec{dl} = \int_0^{2\pi} H\hat{\phi} \cdot \ \rho d\phi \hat{\phi} = \int_0^{2\pi} H\rho d\phi = H2\pi\rho = NI$$

따라서 $H = \dfrac{NI}{2\pi\rho}$ 이다.

전체 쇄교자속은 다음과 같이 구해진다.

$$\Phi = N\Phi_{coil} = NAB = NA\mu H = N^2\mu\frac{AI}{2\pi\rho}[Wb]$$

유도 용량은 다음과 같다.

$$L = \frac{\Phi}{I} = \mu N^2 \frac{A}{2\pi\rho}[Henry]$$

2 유도용량(Inductance)의 직렬, 병렬연결

유도용량이 각 각 L_1, L_2인 Inductor를 아래 그림과 같이 각 각 직렬연결, 병렬연결 할 수 있다.

직렬 회로를 통해 흐르는 전류와 가해진 전압을 각 각 I, V라 할 때 합성 등가 유도용량 L_{eq}와 각 각의 유도용량 값 L_1, L_2와 각 유도용량에 발생하는 전체 쇄교 자속 Φ_1, Φ_2는 다음의 관계를 갖는다.

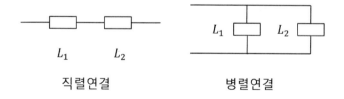

직렬연결   병렬연결

직렬연결의 경우 합성 저항 R_{eq}은 다음과 같다.

$$L_{eq} = L_1 + L_2$$

각 저항을 통하여 흐르는 전류는 같으며 다음과 같은 관계를 갖는다.

$$I(= I_1 = I_2) = \frac{\Phi_1}{L_1} = \frac{\Phi_2}{L_2}$$

병렬 연결된 유도 용량의 경우 합성 유도 용량 L_{eq}와 각 각의 유도 용량 L_1, L_2은 다음의 관계를 갖는다.

$$\frac{1}{L_{eq}} = \frac{1}{L_1} + \frac{1}{L_2} \text{ 이며 정리하면 } L_{eq} = \frac{L_1 L_2}{L_1 + L_2} \text{ 이 된다.}$$

전자유도와 전자기파

CHAPTER 06

전자유도와 전자기파

6.1 패러데이 법칙

1 패러데이 법칙

영국의 과학자 Michael Faraday(1791~1867)와 미국의 과학자 Joseph Henry (1797~1878)는 거의 동시에 자기장의 변화가 전압 즉 유도 기전력(Electromotive Force: EMF)을 발생시킬 수 있는 전자유도(Electromagnetic Induction) 현상을 발견하였다. 1831년에 영국의 과학자 Michael Faraday가 먼저 공표하게 됨으로써 패러데이 법칙(Faraday's Law)으로 알려지게 되었다.

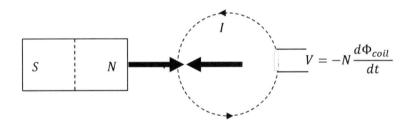

위 그림과 같이 Coil을 향해서 영구자석을 가까이 접근시키는 경우를 생각해보자. 점선의 둥근 원형으로 표기된 Coil을 쇄교하는 자속이 변화(증가)하게 되는데, Coil에는 자속의 변화에 비례하는 유도 기전력이 발생하게 된다는 것이 페러데이 법칙(Faraday's Law) 이며 발생되는 유도 기전력은 아래의 식으로 표현할 수 있다.

$$V = -N\frac{d\Phi_{coil}}{dt} = -\frac{d\Phi}{dt}$$

위 식에서 Φ_{coil}은 1 Turn의 Coil을 쇄교하는 자속이고 Φ는 Coil의 권선 수가 N Turn일 경우 전체 쇄교 자속을 의미한다.

2 렌츠의 법칙

앞의 설명에서 Coil을 향해서 영구자석을 가까이 접근시키는(또는 멀리 하는) 경우 점선의 둥근 원형으로 표기된 Coil을 쇄교하는 자속이 증가(또는 감소)하고 Coil에는 자속의 변화에 비례하는 유도 기전력이 발생하게 된다고 하였다. 그런데 유도 기전력은 영구 자석이 접근하여 Coil을 쇄교하는 자속이 증가(또는 감소)하는 것을 방해하는 방향으로 발생하게 된다. 이 것은 아래 식과 같이 패러데이 법칙에 $-$ 기호가 붙는 것으로 표현되며 이것을 렌츠의 법칙(Lenz's Law)이라 한다.

$$V = -N\frac{d\Phi_{coil}}{dt} = -\frac{d\Phi}{dt}$$

3 노이만의 법칙

역시 앞의 설명에서 Coil을 향해서 영구자석을 가까이 접근시키는(또는 멀리 하는) 경우 점선의 둥근 원형으로 표기된 Coil을 쇄교하는 자속이 증가(또는 감소)하고 Coil에는 자속의 변화에 비례하는 유도 기전력이 발생하게 된다고 하였다. 그런데 유도 기전력은 Coil을 구성하는 권선을 감은 Turn수에 비례하여 자속이 증가(또는 감소)하는 것을 방해하는 방향으로 발생하게 된다. 이것은 아래 식과 같이 패러데이 법칙에 Turn수 N 기호가 붙는 것으로 표현되며 이것을 노이만의 법칙(Neumann's Law)이라 한다.

$$V = -N\frac{d\Phi_{coil}}{dt} = -\frac{d\Phi}{dt}$$

1 암페어 법칙의 일반형

저항과 Capacitor가 직렬로 연결된 회로를 생각해보자. 자기장을 구하기 위해 암페어 의 주회법칙을 적용하면 다음과 같이 구할 수 있다.

$$\oint \vec{H} \cdot \vec{dl} = I$$

저항을 통해서 흐르는 전류를 생각하면 $I = I_c$ 즉 전도 전류 I_c가 되는데 Capacitor를 구성하는 금속판의 중간 영역에서는 I가 없다는 사실 즉 실제 전하의 이동이 없다는 것을 알고 있다.

Capacitor를 구성하는 금속판 사이에서 실제 전하의 이동에 의한 전류는 없지만 변하는 전기장 E 또는 전속 밀도 $D = \epsilon E$가 존재한다.

$$E = \frac{Q}{\epsilon A} \quad \Rightarrow \quad Q = \epsilon E A = D A$$

$$\frac{dQ}{dt} = \epsilon A \frac{dE}{dt} = A \frac{dD}{dt} = I_d$$

이 전류는 변위전류(Displacement Current)라 불리며 암페어의 주회법칙은 다음과 같이 변위전류를 포함하는 항을 추가하여 표현되며 특별히 암페어–맥스웰 법칙이라 하기도 한다.

$$\oint \vec{H} \cdot \vec{dl} = (I_c + I_d) = \left(I_c + A\epsilon \frac{dE}{dt} \right)$$

2 맥스웰 방정식(Maxwell's Equations)

영국의 과학자 맥스웰(Maxwell)은 당시까지 알려진 전자기 법칙들을 수학적으로 정리하여 표현함으로써 19세기 과학사에 정점으로 남을 업적을 이루었다. 그 법칙들은 가우스 법칙, 자기장에 관한 가우스 법칙, 페러데이 법칙, 암페어-맥스웰 법칙이다. 특히 맥스웰은 페러데이의 법칙을 현재 사용하는 수학적 형태로 표현하였다. 또한 암페어-맥스웰 법칙을 연구하여 순수하게 수학적인 측면에서 변위전류 항을 추가하여 맥스웰 방정식으로 집대성 하였으며 맥스웰 방정식을 이용하여 전자기파의 존재를 이론적으로 규명하는 업적을 남겼다. 과학사가 들은 맥스웰을 인류 역사에 가장 큰 영향력을 남긴 사람(예수와 Carl Marx를 넘어서는)으로 평가하기도 하며, 파인만(Feynman)이나 아인슈타인(Einstein) 등의 물리학자들은 맥스웰을 물리학의 한 시대(고전물리학)를 마무리 하고 새로운 시대(현대물리학)를 연 사람으로 평가하고 있다. 아래는 적분형의 맥스웰 방정식과 이를 보충하는 로렌츠(Lorentz) 힘의 법칙이다.

- 가우스 법칙 : $\oint \vec{E} \cdot \vec{ds} = \dfrac{Q}{\epsilon}$

- 자기장에 관한 가우스 법칙 : $\oint \vec{H} \cdot \vec{ds} = 0$

- 패러데이 법칙 : $\oint \vec{E} \cdot \vec{dl} = -\dfrac{d\Phi}{dt}$

- 암페어-맥스웰 법칙 : $\oint \vec{H} \cdot \vec{dl} = \left(I_c + A \epsilon \dfrac{d\vec{E}}{dt} \right)$

- 로렌츠 힘의 법칙 : $\vec{F} = q(\vec{E} + \vec{v} \times \vec{B})$

1 맥스웰 방정식과 전자기파(Electromagnetic Wave)

가우스 정리와 Stokes 정리(Stokes' Theorem)를 이용하면 앞에서 설명한 적분 형식의 맥스웰 방정식은 다음과 같이 표현된다.

- 가우스 법칙 : $\oint \vec{E} \cdot \vec{ds} = \int_V (\nabla \cdot \vec{E}) dv = \frac{1}{\epsilon} \int_V \rho_v \, dv$

- 자기장에 관한 가우스 법칙 : $\oint \vec{H} \cdot \vec{ds} = \int_V (\nabla \cdot \vec{H}) dv = 0$

- 패러데이 법칙 : $\oint \vec{E} \cdot \vec{dl} = \int_S (\nabla \times \vec{E}) \cdot \vec{ds} = -\mu \frac{\partial}{\partial t} \int_S \vec{H} \cdot \vec{ds}$

- 암페어–맥스웰 법칙 : $\oint \vec{H} \cdot \vec{dl} = \int_S (\nabla \times \vec{H}) \cdot \vec{ds} = \int_S (J_c + \epsilon \frac{\partial \vec{E}}{\partial t}) \cdot \vec{ds}$

이 식들을 정리하면 다음과 같이 미분 형식의 맥스웰 방정식으로 표현할 수 있다.

- 가우스 법칙 : $\nabla \cdot \vec{E} = \frac{\rho_v}{\epsilon}$

- 자기장에 대한 가우스 법칙 : $\nabla \cdot \vec{H} = 0$

- 패러데이 법칙 : $\nabla \times \vec{E} = -\mu \frac{\partial \vec{H}}{\partial t}$

- 암페어–맥스웰 법칙 : $\nabla \times \vec{H} = \vec{J_c} + \epsilon \frac{\partial \vec{E}}{\partial t}$

여기에서 전자기파가 존재하는 자유공간 또는 진공을 생각하면 $\epsilon = \epsilon_0$, $\mu = \mu_0$, $\rho_v = 0$, $\vec{J_c} = 0$가 되므로 맥스웰 방정식은 다음과 같다.

- 가우스 법칙 : $\nabla \cdot \vec{E} = 0$
- 자기장에 대한 가우스 법칙 : $\nabla \cdot \vec{H} = 0$
- 패러데이 법칙 : $\nabla \times \vec{E} = -\mu_o \dfrac{\partial \vec{H}}{\partial t}$
- 암페어–맥스웰 법칙 : $\nabla \times \vec{H} = \epsilon_o \dfrac{\partial \vec{E}}{\partial t}$

여기에서 전계의 이중회전 관계식 $\nabla \times \nabla \times \vec{E} = \nabla (\nabla \cdot \vec{E}) - \nabla^2 \vec{E}$ 과 가우스 법칙을 적용하면 다음의 전계에 관한 파동 방정식을 얻는다.

$$\nabla^2 \vec{E} - \mu_o \epsilon_o \frac{\partial^2 \vec{E}}{\partial t^2} = 0$$

자계에 대한 파동 방정식도 같은 과정을 거쳐 다음과 같이 구할 수 있다.

$$\nabla^2 \vec{H} - \mu_o \epsilon_o \frac{\partial^2 \vec{H}}{\partial t^2} = 0$$

맥스웰은 이 방정식으로부터 파동의 속도를 다음과 같이 구하였다.

$$v = \frac{1}{\sqrt{\mu_o \epsilon_o}} = \frac{1}{\sqrt{4\pi \times 10^{-7} \times \dfrac{1}{36\pi} \times 10^{-9}}} = 3 \times 10^8 \, [m/s]$$

당시에는 진공의 유전율과 투자율 값이 현재 알려져 있는 것과 오차가 있어서 약간 다르게 얻어졌지만 전자파의 속도가 당시에 알려져 있던 진공을 지나는 빛의 속도($c = 3 \times 10^8 \, [m/s]$)와 같다는 사실을 알게 되었다. 이로부터 빛이 본질적으로 전자기파라는 놀라운 결과를 얻게 되었다. 이것은 이후의 인류 문명의 진보에 막대한 영향을 끼치게 되었다. 간단히 살펴보아도 현대 정보통신 문명이 발전하는 근간이 되었으며 또한 현대 물리학의 진보에도 매우 큰 영향을 미치게 된다.

2 전자기파(Electromagnetic Wave)를 어떻게 표현할 것인가?

프랑스의 수학자 Jean Baptiste Joseph Fourier(1768~1830)는 임의의 함수를 삼각급수 즉 정현파 함수의 합으로 표현하는 푸리에 급수(Fourier Series)의 개념을 확립하였으며, 더 나아가 푸리에 급수(Fourier Series)의 연속적인 경우에 대한 연구로 방향을 바꾸어 푸리에 적분(Fourier Integral)의 개념에 도달하였다. 푸리에 급수(Fourier Series) 또는 푸리에 적분(Fourier Integral)의 핵심 개념은 독립 변수가 시간인 경우에 임의의 함수를 임의의 진폭과 주파수를 가지는 유한개 또는 무한개의 정현파 함수의 합으로 표현할 수 있다는 것이다.

따라서 실제로 다양한 값을 취할 수 있는 임의의 특정 진폭과 주파수를 갖는 정현파를 대표 주자로 내세우고 공간적인 전파 방향(전자기파의 전파 방향은 z방향)과 속도까지 고려하여 전자기파의 전기장 파동을 표현할 수 있다.

우선 다음의 오일러의 공식(Euler's Formular)을 이용한다.

$$e^{j(\omega t - kz)} = \cos(\omega t - kz) + j\sin(\omega t - kz)$$

전자기파의 전기장 파동은 오일러 공식(Euler's Formular)에서 실수부를 취하여 다음과 같이 표현 할 수 있다.

$$E_x(z,t) = E_{x0}\cos(\omega t - kz) = Re\, E_{x0}e^{j(\omega t - kz)}$$

실제로 파동을 표현할 경우에 실수부를 취하는 과정은 필요한 경우 연산의 임의의 과정에서 언제든지 취할 수 있으므로 생략하고 다음과 같이 표현한다.

$$E_x(z,t) = E_{x0}e^{j(\omega t - kz)}$$

여기에서 ω, k는 각각 파동의 주파수와 전파 상수(Propagation Number) 또는 파동 상수(Wave Number)이며 매질에서의 전자기파 파동의 속도 v와 $v = \omega/k$의 관계를 가진다.

파동을 나타내는 바로 위의 식에서 복소수인 파동 상수(Wave Number) $k = k_{real} + jk_{imag}$의 허수부 k_{imag}가 음의 실수인 경우 맨 뒤의 $e^{+k_{imag}z}$항에서 보듯이 파동은 $+z$방향으로 지수 함수적인 감소를 보이게 되며, 이는 파동의 전파방향이 $+z$방향임을 나타낸다. 반대로 파동 상수(Wave Number) k의 허수부 k_{imag}가 양의 실수인 경우 맨 뒤의 $e^{+k_{imag}z}$항은 파동이 감쇄하면서 $-z$방향으로 전파됨을 의미한다.

3 전자기파(Electromagnetic Wave)

앞에서 설명한 전계와 자계에 관한 파동 방정식을 만족하는 전계와 자계를 구할 수 있는데 이 책에서는 자세히 다루지 않고 결과만 설명하도록 한다.

전자기파의 전파 방향이 z방향이고 전기장이 x방향 성분만 있는 경우를 생각하면 다음과 같이 표현할 수 있다.

$$E_x(z, t) = E_{x0} e^{j(\omega t - kz)} = E_x(z)e^{j\omega t}$$

맥스웰 방정식을 만족하는 자기장을 구하면 y방향 성분만 가지게 되며 다음과 같이 표현된다.

$$H_y(z, t) = H_{y0} e^{j(\omega t - kz)} = H_y(z)e^{j\omega t}$$

전자기파의 속도는 다음과 같이 얻어진다.

$$v = \frac{1}{\sqrt{\mu\epsilon}} = \frac{1}{\sqrt{\mu_r \epsilon_r}\sqrt{\mu_0 \epsilon_0}} = \frac{c}{\sqrt{\mu_r \epsilon_r}}$$

자유공간에서의 전자기파의 속도는 다음과 같다.

$$c = \frac{1}{\sqrt{\mu_o \epsilon_o}} = \frac{1}{\sqrt{4\pi \times 10^{-7} \times \frac{1}{36\pi} \times 10^{-9}}} = 3 \times 10^8 [m/s]$$

전자기파의 파장은 다음과 같다.

$$\lambda = \frac{c}{f \sqrt{\mu_r \epsilon_r}} = \frac{v}{f}$$

전자기파가 전파되는 매질의 특성 임피던스는 다음과 같다.

$$\eta = \frac{E}{H} = \sqrt{\frac{\mu}{\epsilon}} = \sqrt{\frac{\mu_0}{\epsilon_0}} \sqrt{\frac{\mu_r}{\epsilon_r}} = 377 \sqrt{\frac{\mu_r}{\epsilon_r}}$$

자유공간의 특성 임피던스는 다음과 같다.

$$\eta_0 = \frac{E}{H} = \sqrt{\frac{\mu_0}{\epsilon_0}} = 377 [\Omega]$$

전자기파는 파장(또는 주파수)에 따라 공중 방사파, 마이크로 파, 적외선, 가시광선, 자외선, X선, 감마선 등으로 분류할 수 있는데 우리 눈으로 볼 수 있는 가시광선 영역이 아주 제한된 좁은 영역에 위치하고 있음을 주목하자.

④ 고체(Solids)내부를 전파하는 전자기파(Electromagnetic Wave)

앞에서 맥스웰 방정식을 이해하고 응용할 수 있게 됨으로써 이것이 물리학, 전기 및 전자공학의 발전에 매우 큰 영향을 미쳤다고 설명하였다. 그 대표적인 사례로서 고체 매질의 내부를 전자기파가 전파(Propagation)하는 현상을 생각해보도록 하자.

각각 유전율 ϵ, 투자율 μ, 도전율 σ인 고체 매질을 생각하고 $\overrightarrow{J_c} = \sigma\overrightarrow{E}$를 고려하면 매질내의 전자기파는 다음의 맥스웰 방정식을 만족한다.

$$\triangledown \times \overrightarrow{E} = -\mu\frac{\partial \overrightarrow{H}}{\partial t}$$

$$\triangledown \times \overrightarrow{H} = \sigma\overrightarrow{E} + \epsilon\frac{\partial \overrightarrow{E}}{\partial t}$$

계산을 단순히 할 수 있도록 다음과 같이 1차원인 경우만 생각하기로 하자.

$$\frac{\partial}{\partial x} = 0, \ \frac{\partial}{\partial y} = 0$$

전기장이 x방향 성분만 있는 경우를 생각하면 $\triangledown \times \overrightarrow{E}$ 는 다음과 같이 표현할 수 있다.

$$\triangledown \times \overrightarrow{E} = \begin{vmatrix} \hat{x} & \hat{y} & \hat{z} \\ 0 & 0 & \dfrac{\partial}{\partial z} \\ E_x & 0 & 0 \end{vmatrix} = \frac{\partial E_x}{\partial z}\hat{y}$$

따라서 자기장이 y방향 성분만 있다는 사실을 알 수 있으며 위의 첫 번째 방정식으로부터 다음의 관계식을 얻는다.

$$\frac{\partial E_x}{\partial z} = -\mu\frac{\partial H_y}{\partial t}$$

한편 $\triangledown \times \overrightarrow{H}$ 는 다음과 같이 표현할 수 있다.

$$\nabla \times \overrightarrow{H} = \begin{vmatrix} \hat{x} & \hat{y} & \hat{z} \\ 0 & 0 & \dfrac{\partial}{\partial z} \\ 0 & H_y & 0 \end{vmatrix} = -\frac{\partial H_y}{\partial z} \hat{x}$$

따라서 위의 두 번째 방정식으로부터 다음의 관계식을 얻는다.

$$-\frac{\partial H_y}{\partial z} = \sigma E_x + \epsilon \frac{\partial E_x}{\partial t}$$

전자기파가 x방향 성분의 전기장을 가질 경우 자기장은 y방향 성분만 존재한다는 사실을 알 수 있다.

영국의 물리학자 John Henry Poynting(1852~1914)은 전자기파의 에너지 전달 방향 즉 전파 방향이 전기장 벡터에서 자기장 벡터 방향으로 외적(Outer Product, Cross Product)을 취하는 방향으로 다음과 같이 결정됨을 알아냈다.

$$\overrightarrow{S} = \overrightarrow{E} \times \overrightarrow{H}$$

이 원리를 포인팅 정리(Poynting Theorem)라 하며 $\overrightarrow{S} = \overrightarrow{E} \times \overrightarrow{H}$를 포인팅 벡터(Poynting Vector)라고 한다.

따라서 전자기파의 전파 방향은 z방향이며 전자기파의 전기장과 자기장은 각각 다음과 같이 표현할 수 있다.

$$E_x(z, t) = E_{x0}\, e^{j(\omega t - kz)}$$
$$H_y(z, t) = H_{y0}\, e^{j(\omega t - kz)}$$

여기에서 ω, k는 각 각 파동의 주파수와 파동 상수(Wave Number)이며 매질에서의 전자기파 속도 v와 $v = \omega/k$의 관계를 가진다.

또한 시간과 공간에 대한 편미분 연산은 각각 다음과 같이 표현할 수 있다.

$$\frac{\partial}{\partial z} = -jk$$

$$\frac{\partial}{\partial t} = jw$$

한편 위에서 구한 전자기파의 전기장과 자기장에 관한 스칼라 편미분 방정식은 다음과 같다.

$$\frac{\partial E_x}{\partial z} = -\mu \frac{\partial H_y}{\partial t}$$

$$-\frac{\partial H_y}{\partial z} = \sigma E_x + \epsilon \frac{\partial E_x}{\partial t}$$

이 방정식에 앞에서 구한 편미분 연산을 고려하면 다음과 같이 표현할 수 있다.

$$jkE_x = jw\mu H_y$$

$$jkH_y = \sigma E_x + jw\epsilon E_x$$

이 방정식을 E_x, H_y에 관한 연립 대수 방정식으로 다음과 같이 정리할 수 있다.

$$-jkE_x + jw\mu H_y = 0$$

$$(\sigma + jw\epsilon)E_x - jkH_y = 0$$

이 E_x, H_y에 관한 연립 대수 방정식은 다음과 같은 조건을 만족하는 해를 가질 수 있다.

$$\begin{vmatrix} -jk & j\omega\mu \\ (\sigma+j\omega\epsilon) & -jk \end{vmatrix} = 0$$

행렬식을 풀면 다음과 같은 관계를 얻으며 이를 분산 방정식(Dispersion Equation)이라 한다.

$$k^2 + j\omega\mu(\sigma + jw\epsilon) = 0$$

위의 분산 방정식(Dispersion Equation)은 E_x, H_y에 관한 연립 대수 방정식이 $E_x = 0$, $H_y = 0$인 너무나 자명한 해(Trivial Solution)가 아닌 부정 방정식(不定方程式)의 해를 가질 수 있도록 만족해야하는 조건을 나타낸다.

이 분산 방정식(Dispersion Equation)을 고찰하여 다음과 같은 사실들을 알 수 있다.

첫째로, 만약 도전율이 $\sigma = 0$인 매질이라면 위 분산 방정식으로부터 다음과 같이 ω, k에 관한 관계를 얻는다.

$$k = \omega\sqrt{\mu\epsilon} = \omega/v$$

전자기파는 손실 없이 $v = \omega/k = \dfrac{1}{\sqrt{\mu\epsilon}}$ 의 속도로 전파한다.

둘째로, 만약 도전율이 $\sigma \neq 0$인 매질이라면 위 분산 방정식으로부터 다음과 같이 파동 상수(Wave Number) k가 복소수 형태로 얻어진다.

$$k = (\omega^2\mu\epsilon - j\omega\mu\sigma)^{\frac{1}{2}} = k_{real} + jk_{imag}$$

파동 상수(Wave Number) k가 복소수이면 전기장을 표현하는 관계식은 다음과 같다.

$$E_x(z,t) = E_{x0} e^{j(\omega t - kz)} = E_{x0} e^{j[\omega t - (k_{real} + jk_{imag})z]} = E_{x0} e^{j\omega t} e^{-jk_{real}z} e^{+k_{imag}z}$$

파동 상수(Wave Number) $k = k_{real} + jk_{imag}$의 허수부가 음의 실수인 경우 맨 뒤의 $e^{+k_{imag}z}$항은 전자기파가 감쇄하면서 $+z$방향으로 전파됨을 의미한다.

반대로 파동 상수(Wave Number) $k = k_{real} + jk_{imag}$의 허수부가 양의 실수인 경우 맨 뒤의 $e^{+k_{imag}z}$항은 전자파가 감쇄하면서 $-z$방향으로 전파됨을 의미한다.

마지막으로, 만약 도전율 σ가 매우 큰 매질 즉 도전성이 매우 좋은 양질의 도체라면 위 분산 방정식으로부터 파동 상수(Wave Number) k는 다음과 같이 역시 복소수 형태로 얻어 진다.

우선 오일러 공식(Euler's Formular) $e^{j\theta} = \cos\theta + j\sin\theta$에서 $\theta = -\dfrac{\pi}{2}$이면 다음과 같다.

$$e^{-j\frac{\pi}{2}} = \cos(-\frac{\pi}{2}) + j\sin(-\frac{\pi}{2}) = -j$$

이 결과를 이용하면 파동 상수(Wave Number) k는 다음과 같이 얻어 진다.

$$k \cong (-j\omega\mu\sigma)^{\frac{1}{2}} = (e^{-j\frac{\pi}{2}})^{\frac{1}{2}}(\omega\mu\sigma)^{\frac{1}{2}} = (e^{-j\frac{\pi}{4}})(\omega\mu\sigma)^{\frac{1}{2}} = \frac{(1-j)}{\sqrt{2}}(\omega\mu\sigma)^{\frac{1}{2}}$$

$$= (\frac{1}{\sqrt{2}} - j\frac{1}{\sqrt{2}})(\omega\mu\sigma)^{\frac{1}{2}} = k_{real} + jk_{imag}$$

파동 상수(Wave Number) k의 허수부가 음의 실수이며 전자기파가 감쇄하면서 $+z$방향으로 전파됨을 나타내는 항은 다음과 같다.

$$e^{+k_{imag}z} = e^{-(\frac{\omega\mu\sigma}{2})^{\frac{1}{2}}z} = e^{-\sqrt{\frac{\omega\mu\sigma}{2}}z}$$

도전율 σ가 매우 큰 도체 매질의 내부로 전자기파가 전파될 경우 그 진행 방향으로 급격하게 크기가 감소하게 되는데 위 지수함수에서 지수부의 크기가 -1이 되면 크기는 $e^{-1} = 1/e \cong 0.368$이 되며 그렇게 되는 도체 표면으로부터의 깊이를 표피 깊이(Skin Depth)라고 하며 다음과 같이 표현된다.

$$\delta = (\frac{2}{\omega\mu\sigma})^{\frac{1}{2}} = \sqrt{\frac{2}{\omega\mu\sigma}}$$

전자기파의 주파수가 같은 경우에는 매질 고체의 투자율 μ, 도전율 σ이 커질수록, 동일한 매질 내에서는 전자파의 주파수 ω가 높아질수록 표피 깊이(Skin Depth)가 작아지게 된다.

이상의 예를 통하여 인류의 위대한 스승인 영국의 과학자 맥스웰(James Clerk Maxwell)이 인류에게 선물해준 맥스웰 방정식이 갖고 있는 놀라운 힘의 작은 부분이라도 느꼈으리라 믿는다.

이 책에서 배운 내용들이 앞으로 전자기파의 전파, 반사 및 회절, 안테나 및 RF 공학, 전자 신소재 과학/공학 등의 세부 전공 과정을 진로로 선택하여 공부할 이들에게 작은 디딤돌이 되기를 바라면서 끝 부분에 물리학자, 수학자들이 꼽은 가장 아름다운 공식을 소개하고 싶다.

오일러 공식(Euler's Formular) $e^{j\theta} = \cos\theta + j\sin\theta$에서 $\theta = \pi$이면 다음과 같은 결과를 얻는다.

$$e^{j\pi} = \cos(\pi) + j\sin(\pi) = -1$$

이것을 정리하면 다음과 같다.

$$e^{j\pi} + 1 = 0$$

이 식을 오일러 항등식(Euler's Identity)이라 하며 원주율 π, 자연 지수 e. 단위 허수 j, 덧셈의 항등원 0, 곱셈의 항등원 1이 모두 포함되어 있는 신비로운 항등식이다. 미국의 물리학자 Richard Phillips Feynman(1918~1988)은 "수학 분야에서 가장 주목할 만한 수식이며 우리 인류의 보물"이라 하였다. 또한 소설 "박사가 사랑한 수식"에서도 언급되었고 물리학자, 수학자들이 선정한 가장 아름다운 공식으로 꼽히기도 하였으니 여러분들도 한번 씩 곱씹어 보기를 권한다.

공학도를 위한
전기자기학

부록

(1) 미분 또는 도함수(微分 또는 導函數, Derivative)의 개념

함수 $f(t)$의 미분(微分, Derivative)은 다음과 같이 생각한다.

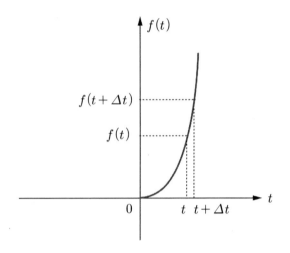

독립변수 t의 미소증분 $\triangle t$ 를 생각하고 독립변수의 증분 $\triangle t$ 에 대한 종속변수 $f(t)$의 미소 변화로 이루어진 기울기를 생각한다.

$$\frac{\triangle f}{\triangle t} = \frac{f(t+\triangle t) - f(t)}{\triangle t}$$

$\triangle t \rightarrow 0$ 이 될때 $\dfrac{\triangle f}{\triangle t}$ 를 생각하여 이를 $\dfrac{df}{dt}$ 즉 $f(t)$의 t에 대한 미분 (미소 변화분) (기하학 적으로는 순시 기울기로 볼 수 있다.)이라 한다. 즉,

$$\frac{df}{dt} = \lim_{\triangle t \rightarrow 0} \frac{\triangle f}{\triangle t} = \lim_{\triangle t \rightarrow 0} \frac{f(t+\triangle t) - f(t)}{\triangle t}$$

여러분들은 아마도 고등학교를 다니던 학창시절에 친구중의 누군가가 $\dfrac{df}{dt}$ 를 dt분의 df라고 읽어서 선생님에게 꿀밤을 맞는 것을 지켜본 기억이 있을 것이다. 일견 $\dfrac{df}{dt}$ 는 분수라기보다는 미분연산으로서의 의미로 보는 것이 타당해 보인다. 그러나 여기서 강조하고 싶은 것은 그럼에도 불구하고, 분수로서의 속성을 아직도 가지고 있다는 것이다.

따라서 다음의 연산이 가능하다는 사실을 잊지 말자.

즉, $\dfrac{df}{dt}$ 에 dt 를 곱하는 연산이 가능하며 그 결과는 아래와 같다.

$$\frac{df}{dt}dt = df$$

임의의 함수에 대하여 기하학적인 순시 기울기를 구하는 연산(즉, 미분 연산)의 결과 새로운 함수가 유도(誘導)되어(Derive) 구해진다는 의미를 담아 Derivative 즉, 도함수(導函數)라는 용어도 함께 사용한다. 또한 미분 연산은 기하학적으로 순시 기울기로서의 의미를 갖지만 실제 물리적으로는 다양한 의미를 갖게 됨을 주목하자. 예를 들어 역학에서 변위의 미분, 두 번 미분이 우리가 잘 아는 속도, 가속도의 물리적인 의미를 갖는다. 상수 Inductance 값을 가지는 인덕터(Inductor)를 흐르는 전류의 미분은 물리적으로 인덕터 양단의 전압을 의미한다. 상수 Capacitance 값을 가지는 Capacitor 양단 전압의 미분은 물리적으로 Capacitor를 통하여 흐르는 전류를 의미한다. 실제 미분 연산의 물리적인 의미는 미분 개념을 적용하는 모든 경우에 대하여 각각 다양하게 존재할 수 있음을 항상 생각하도록 하자.

예제

$$f(t) = t^2 \text{ 일 때}$$

미분의 기본 개념으로부터 다음과 같은 연산이 가능하다.

$$\triangle f = f(t + \triangle t) - f(t) = (t + \triangle t)^2 - t^2 = t^2 + 2t\triangle t + \triangle t^2 - t^2 = (2t + \triangle t)\triangle t$$

$$\frac{df}{dt} = \lim_{\triangle t \to 0} \frac{\triangle f}{\triangle t} = \lim_{\triangle t \to 0} \frac{f(t + \triangle t) - f(t)}{\triangle t} = \lim_{\triangle t \to 0} \frac{t^2 + 2t\triangle t + \triangle t^2 - t^2}{\triangle t}$$

$$= \lim_{\triangle t \to 0} (2t + \triangle t) = 2t$$

예제

❖ 미분 개념의 재미있는 응용 사례

- $\sqrt{17}$ 의 계산

$$f(x) = \sqrt{x} \text{ 에 대하여}$$

$$\frac{\triangle f}{\triangle x} = \frac{f(x + \triangle x) - f(x)}{\triangle x} \cong f'(x)$$

$$f'(x) = \frac{1}{2}\frac{1}{\sqrt{x}} \text{ 임을 이용한다.}$$

$x = 16$, $\triangle x = 1$ 이라면 다음과 같은 연산이 가능하다.

$$\sqrt{17} \cong \sqrt{16} + \frac{1}{2}\frac{1}{\sqrt{16}}(= 4.125)$$

$x = 16$, $\triangle x = 0.1$로 x에 비하여 $\triangle x$가 상대적으로 더 작은 경우를 생각해보자.

- $\sqrt{16.1}$ 의 계산

$$f(x) = \sqrt{x} \text{ 에 대하여}$$

$$\frac{\triangle f}{\triangle x} = \frac{f(x + \triangle x) - f(x)}{\triangle x} \cong f'(x)$$

$f'(x) = \frac{1}{2}\frac{1}{\sqrt{x}}$ 임을 이용한다.

$x = 16, \triangle x = 0.1$ 이라면 다음과 같은 연산이 가능하다.

$$\sqrt{16.1} \cong \sqrt{16} + \frac{1}{2}\frac{1}{\sqrt{16}}0.1 (= 4.0125)$$

로 더 참 값에 가까운 계산 결과를 얻는다.

역시 $x = 81, \triangle x = 1$인 경우를 생각해보자.

- $\sqrt{82}$ 의 계산

  $f(x) = \sqrt{x}$ 에 대하여

  $$\frac{\triangle f}{\triangle x} = \frac{f(x + \triangle x) - f(x)}{\triangle x} \cong f'(x)$$

  $f'(x) = \frac{1}{2}\frac{1}{\sqrt{x}}$ 임을 이용한다.

  $x = 81, \triangle x = 1$ 이라면 다음과 같은 연산이 가능하다.

  $$\sqrt{82} \cong \sqrt{81} + \frac{1}{2}\frac{1}{\sqrt{81}} (= 9.0555)$$

  역시 $x = 81, \triangle x = 0.1$로 x에 비하여 $\triangle x$가 상대적으로 더 작은 경우를 생각해보자.

- $\sqrt{81.1}$ 의 계산

  $f(x) = \sqrt{x}$ 에 대하여

  $$\frac{\triangle f}{\triangle x} = \frac{f(x + \triangle x) - f(x)}{\triangle x} \cong f'(x)$$

$f'(x) = \dfrac{1}{2} \dfrac{1}{\sqrt{x}}$ 임을 이용한다.

$x = 81$, $\triangle x = 0.1$ 이라면 다음과 같은 연산이 가능하다.

$$\sqrt{81.1} \cong \sqrt{81} + \frac{1}{2} \frac{1}{\sqrt{81}} 0.1 (= 9.00555)$$

로 오차가 상대적으로 적은 계산 결과를 얻는다.

이 결과들로부터 상대적으로 $\triangle x \rightarrow 0$ 이 되는 조건에 더욱 근접 할수록

$\dfrac{\triangle f}{\triangle x} \rightarrow \dfrac{df}{dx}$ 로 더욱 더 접근해 간다는 것을 알 수 있다.

예제

$u = e^{-st}$ 일 때 du 를 구하라.

$u = e^{-st}$ 로부터 $\dfrac{du}{dt} = -se^{-st}$ 임을 알 수 있다.

여기서 미분은 본질적으로 분수 연산으로서의 속성을 갖고 있음을 염두에 둔다면 양변에 dt 를 곱하는 연산이 가능하며 이로부터 $du = -se^{-st}dt$ 가 얻어진다.

주의 곡선의 접선의 기울기를 구하는 문제는 Pierre de Fermat(1601-1665)라는 프랑스의 수학자가 연구하였다. 이 문제에 대하여는, 좌표를 도입함으로써 해석기하학의 창시자라 할 수 있는 Rene Descartes(1596-1650)도 비슷한 시기에 연구를 하였다. 두 수학자 사이에 논쟁도 있었으나 Pierre de Fermat 의 연구 결과가 우수한 것으로 인정받고 있다. 이 문제는 결국 함수의 미분의 문제이기 때문에 Pierre Simon de Laplace(1749-1827)는 "진정한 미분법의 발견자는 Fermat 이다. Newton은 좀 더 해석적으로 파악했을 뿐이다."라는 말을 남겼다.

> **주의** Pierre de Fermat(1601–1665)는 Rene Descartes(1596–1650)와 무관하게 해석기하학의 기본원리를 창안하였다. 또한 곡선의 접선에 대한 연구와 극대, 극소점을 찾는 방법을 고안하여 미분법의 창시자로 간주되고 있음은 앞에서 언급하였다. 더 나아가, 가법 과정에 의하여 곡선으로 둘러싸인 부분의 면적을 구하는 공식을 알아냈는데 이것은 현재 적분법에서 얻은 결과와 동일한 것이다. 다만, 미분과 적분이 역연산 과정임을 알고 있었는지는 확실하지 않다고 한다. 여기서 우리가 주목해야할 인물이 Isaac Barrow(1630–1677)이다. 그는 영국(英國) Cambridge University 의 Lucas座 수학교수(1663–1669)로서 Isaac Newton의 스승이며 나중에 그에게 그 자리를 물려주기도 하였다. 미분과 적분이 역연산임을 최초로 인식하였으며 그의 〈기하학 강의〉에는 G. W. Leibniz가 나중에 발전시킨 미적분학과 비슷한 요소들이 있었고, 이것은 Newton과 Leibniz 모두에게 영향을 미쳤다. 따라서 미적분학은 Pierre de Fermat가 주춧돌을 놓고 Isaac Barrow가 기둥을 세우고 Isaac Newton과 G. W. Leibniz가 지붕을 만들어서 완성된 (공동 작업의 결과물로서의) 집에 비유할 수 있을 것이다.

(2) 편미분(偏微分, Partial Derivative)의 개념

$f(x,y) = 2xy + x + y$ 와 같이 독립변수가 2개 이상인 함수에 대하여 다른 변수는 상수로 간주하고 하나의 변수에 대하여만 미분을 구하는 경우를 편미분(Partial Derivative) 이라 한다. 변수가 하나인 경우의 미분과 구분하기 위하여 x에 관한 편미분을 $\dfrac{\partial f(x,y)}{\partial x}$, y에 관한 편미분을 $\dfrac{\partial f(x,y)}{\partial y}$와 같이 표현한다.

예제

$f(x,y) = 2xy + x + 2y$에 대하여 x에 관한 편미분을 구하라.

$$\frac{\partial f(x,y)}{\partial x} = 2y + 1$$

$f(x,y) = 2xy + x + 2y$에 대하여 y에 관한 편미분을 구하라.

$$\frac{\partial f(x,y)}{\partial y} = 2x + 2$$

주의 $\dfrac{\partial f(x,y)}{\partial x}$ 를 $f_x(x,y)$ 또는 $f_1(x,y)$ 로 $\dfrac{\partial f(x,y)}{\partial y}$ 는 $f_y(x,y)$ 또는 $f_2(x,y)$ 로 표기하기도 한다.

02 함수의 적분

(1) Antiderivative(逆 微分)

모든 실수 x에 대하여 $F'(x) = f(x)$가 되는 $F(x)$ 를 $f(x)$의 Antiderivative 라고 한다.

모든 실수 x에 대하여 $F(x)$가 $f(x)$의 Antiderivative 일 때 가장 일반적인 $f(x)$ 의 Antiderivative는 다음과 같다.

$F(x) + C$, 여기서 C 는 임의의 상수이다.

예제

$2x$와 $\cos x$의 Antiderivative를 구하라.

$x^2 + C$ 는 $2x$ 의 Antiderivative 이다.

$\sin x + C$ 는 $\cos x$ 의 Antiderivative 이다.

> **주의** Antiderivative(逆 微分)와 같은 의미를 갖는 용어로서 Primitive Function즉, 한국어로 원시 함수(原始函數)라는 표현을 사용하기도 한다. 이 표현은 임의의 함수에 대하여 기하학적인 순시 기울기를 구하는 연산(즉, 미분 연산)의 결과 새로운 함수가 유도(誘導)되어(Derive) 구 해진다는 의미를 담고 있는 Derivative 즉, 도함수(導函數)라는 용어에 대응되어 미분연산을 취하기 이전의 원래 함수라는 의미를 갖고 있다.

참고로 공학 분야에서 자주 접하게 되는 Antiderivative(역 미분, 逆 微分) 또는 Primitive Function(원시함수, 原始函數)에 대하여 그것의 Derivative(미분 또는 도 함수, 微分 또는 導函數)를 아래의 표와 같이 정리하였다.

Antiderivative(역 미분) 또는 Primitive Function(원시함수)	Derivative(미분 또는 도 함수)
$x^n + C$	nx^{n-1}
$\sin x + C$	$\cos x$
$\cos x + C$	$-\sin x$
$\sin f(x) + C$	$f'(x)\cos f(x)$
$\sin kx + C$	$k\cos kx$
$a^x + C$	$\ln a\, a^x$
$e^x + C$	e^x
$e^{f(x)} + C$	$f'(x)\, e^{f(x)}$
$e^{kx} + C$	$k\, e^{kx}$
$\ln x + C$	$\dfrac{1}{x}$

⑵ 부정적분(Indefinite Integral)

함수 $f(x)$의 모든 Antiderivative의 집합을 함수 $f(x)$의 부정적분이라고 하며 다 음과 같이 표현한다.

$$\int f(x)dx.$$

여기서, $F(x)$ 가 $f(x)$ 의 하나의 Antiderivative 라고 하면 부정적분의 정의에 의하여 다음과 같다.

$$\int f(x)dx = F(x) + C$$

부정적분의 연산은 Antiderivative의 정의를 염두에 두면 다음과 같이 할 수 있다.

$\dfrac{dF}{dx} = f(x)$ 에 대하여 양변에 dx를 곱해주면 $f(x)\,dx = dF$가 되고 양변에 부정적분 연산(결국 가장 일반적인 Antiderivative 를 취하는 것)을 행하면 다음의 결과를 얻을 수 있다.

$$\int f(x)dx = \int dF = F(x) + C.$$

어떤 함수의 부정적분을 구하는 것은 적분기호 내의 함수의 모든 Antiderivative 를 구하는 것임을 기억하고 바로 앞 절의 예제의 결과와 비교해 보도록 하자.

예제

다음 함수의 부정적분을 구하라.

$$2x, \ \cos x, \ (x^2 - 2x + 5)$$

$2x$의 하나의 Antiderivative 가 x^2 이므로 부정적분은 $\displaystyle\int 2x\,dx = x^2 + C$

$\cos x$의 하나의 Antiderivative 가 $\sin x$ 이므로 부정적분은

$$\int \cos x\,dx = \sin x + C$$

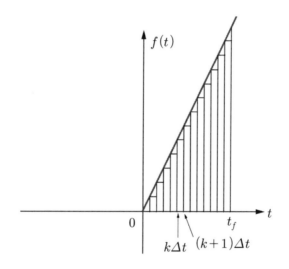

(x^2-2x+5)의 하나의 Antiderivative 가 $\dfrac{1}{3}x^3-x^2+5x$이므로 부정적분은

$$\int (x^2-2x+5)dx=\frac{1}{3}x^3-x^2+5x+C$$

(3) 정적분(定積分, Definite Integral)

아래 그림에서 함수 $f(t)$의 $0\leq t\leq t_f$ 영역에서의 면적을 구하는 문제를 생각해 보자.

우선 $0\leq t\leq t_f$ 구간을 $\Delta t=\dfrac{t_f-0}{n}$ 과 같이 n 등분 하면, 임의의 k번째 Δt 구간이 차지하는 면적은 $f(k\Delta t)\Delta t$ 이고 $0\leq t\leq t_f$ 범위내의 면적은

$\displaystyle\sum_{k=0}^{n-1}f(k\Delta t)\Delta t$ 로 근사적으로 표현할 수 있다.

위의 표현에서 독립변수의 미소구간 Δt는 반드시 등 간격이어야 할 필요는 없으

며 함수 값 $f(k\triangle t)$도 역시 미소구간내의 어디에서 계산한 값이라도 상관이 없다. 이렇게 구한 위의 결과를 구간 $0 \leq t \leq t_f$ 사이의 Riemann Sum(合)이라고 한다. 여기서 구한 Riemann Sum은 실제 면적보다 함수를 나타내는 선의 아래 부분만큼 덜 포함된 근사 면적이 될 것이다.

만약 여기서 분할된 구간의 수를 두 배로 하여 미소 구간 $\triangle t$의 크기를 반으로 줄인다면 면적오차는 아래 그림과 같이 커다란 하나의 삼각형 크기 만큼으로부터 두 개의 작은 삼각형 크기로 감소할 것이다.

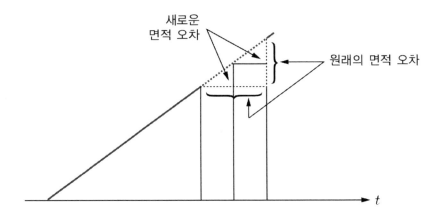

이 Riemann Sum 즉, 근사 면적은 $\triangle t \rightarrow 0$의 극한을 취할 때 실제 면적으로 수렴하게 될 것이다.

$$\lim_{\triangle t \rightarrow 0} \sum_{k=0}^{n-1} f(k\triangle t)\triangle t \;\; \rightarrow \; 0 \leq t \leq t_f \text{ 구간의 } f(t)\text{의 면적}$$

한편, $0 \leq t \leq t_f$ 범위내의 면적은 아래 그림에서와 같이 독립변수의 미소구간 $\triangle t$의 끝부분에서 함수 값을 계산한 Riemann Sum $\displaystyle\sum_{k=1}^{n} f(k\triangle t)\triangle t$ 로도 근사적으로 표현할 수 있다.

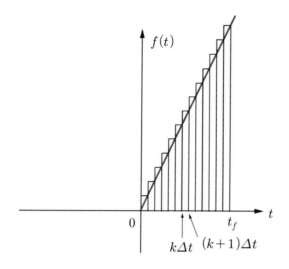

이 Riemann Sum 은 실제 면적보다 함수를 나타내는 선의 위 부분만큼 더 포함된 근사 면적이 될 것이다.

만약 여기서 분할된 구간의 수를 두 배로 하여 미소 구간 Δt의 크기를 반으로 줄인다면 면적오차는 아래 그림과 같이 커다란 하나의 삼각형 크기 만큼으로부터 두 개의 작은 삼각형 크기로 감소할 것이다.

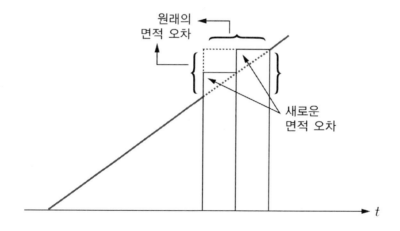

이 근사 면적은 $\Delta t \to 0$의 극한을 취할 때 역시 실제 면적으로 수렴하게 될 것이다.

$$\lim_{\triangle t \to 0} \sum_{k=1}^{n} f(k\triangle t)\triangle t \quad \to \quad 0 \le t \le t_f \text{ 구간의 } f(t) \text{의 면적}$$

여기서 수렴하는 좌측의 두 개 연산들은 같은 값(실제 면적)으로 수렴할 것이다. 앞에서 구한 Riemann Sum의 극한(Limit)을 취한 것이 수렴할 때 $f(t)$의 정적분 (Definite Integral)이라 정의하고 다음과 같이 표현한다.

$$\lim_{\triangle t \to 0} \sum_{k=0}^{n-1} f(k\triangle t)\triangle t$$

$$= \lim_{\triangle t \to 0} \sum_{k=1}^{n} f(k\triangle t)\triangle t \quad \Rightarrow \quad \int_{0}^{t_f} f(t)dt$$

이 정적분(定積分, Definite Integral)의 기호는 독일의 수학자 Gottfried Wilhelm von Leibniz(1646~1716)가 고안하였다고 알려져 있으며 극한을 취함에 따라 연산의 의미를 다음과 같이 생각할 수 있다.

우선 불연속적인 함수 값 $f(k\triangle t)$는 독립변수의 연속적인 함수 값 $f(t)$로 대치된다. 또한 독립변수의 구간 $\triangle t$ 는 독립변수의 미분 량 dt로 대치된다.
즉 $f(k\triangle t) \Rightarrow f(t)$로 $\triangle t \Rightarrow dt$ 가 되는 것이다.

마지막으로 각각의 양의 합 즉 Riemann Sum 을 구하고 그 합의 극한을 취한 연산을 $\int_{0}^{t_f}$ 로 표시하였는데 $\int$ 는 Sum의 머리글자 S를 형상화(Symbolize)해서 만들었다.

즉 $\lim_{\triangle t \to 0} \sum_{k=1}^{n} \Rightarrow \int_{0}^{t_f}$ 로 표시한 것으로 이해할 수 있으며 이로부터 정적분은 본질적으로 더하기 연산이라는 점을 항상 생각할 수 있도록 하자.

주의 위에서 설명한 바와 같이 Riemann Sum(合)에 기반을 두고 정의된 적분을 Riemann Integral(적분, 積分)이라고 한다.

앞에서 함수가 표현된, 좌표 평면상의 종속변수의 궤적을 표현한 선과 독립변수의 일정 구간 사이에 둘러싸인 부분의 면적을 구하는 방법을 설명하였다. 독립변수의 일정 구간을 n등분하여 나누고 나누어진 작은 사각형들의 합으로 구하는 연산이 결국은 역 미분(Antiderivative) 즉 적분 연산으로 귀결되는데 다음의 예제를 통하여 직관적으로 이해를 높이도록 하자.

예제

함수 $f(t) = a$에 대하여 $0 \leq t \leq t_f$ 영역에서의 면적을 구하는 문제를 생각해보자.

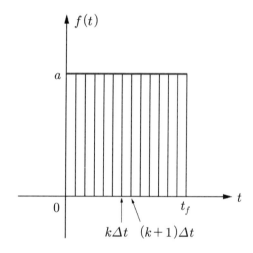

우선 $0 \leq t \leq t_f$ 구간을 $\triangle t = \dfrac{t_f - 0}{n}$ 과 같이 n 등분 하면,

임의의 k번째 $\triangle t$ 구간이 차지하는 면적은 $f(k\triangle t)\triangle t = a\triangle t$ 이고

$0 \leq t \leq t_f$ 범위내의 면적은

$$\sum_{k=1}^{n} f(k\triangle t)\triangle t = \sum_{k=1}^{n} a\triangle t$$ 로 표현할 수 있으며 일정한 비율로 계속 증가하는 형태가

됨을 알 수 있으며 그림으로 표현하면 아래와 같다.

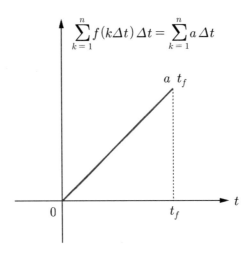

$$\sum_{k=1}^{n} f(k\Delta t)\,\Delta t = \sum_{k=1}^{n} a\,\Delta t$$

이 결과는 아래와 같은 결과와 잘 부합한다는 사실을 주목하도록 하자.

$$\lim_{\Delta t \to 0}\sum_{k=1}^{n} f(k\Delta t)\Delta t = \lim_{\Delta t \to 0}\sum_{k=1}^{n} a\Delta t \;\Rightarrow\; \int_{0}^{t_f} f(t)dt = \int_{0}^{t_f} a\,dt = at_f$$

(4) 정적분(定積分, Definite Integral)의 연산

$G(x)$가 $f(x)$의 하나의 Antiderivative 라면 다음과 같은 표현이 가능하다.

$$G(x) = \int_{a}^{x} f(t)dt.$$

여기서 $\displaystyle\int_{a}^{x} f(t)dt$ 가 독립변수 x의 함수가 되는 이유를 생각해 보자.

아직은 정적분의 연산에 대하여 설명하기 전이니까 여기서 잠시 어떻게

$$G(x) = \int_{a}^{x} f(t)dt$$

인 관계가 성립하는지, 즉

$$\int_a^x f(t)dt$$

가 어떻게 독립변수 x의 함수가 될 수 있을지를 조금은 다른 관점에서 생각하여 보
도록 하자.

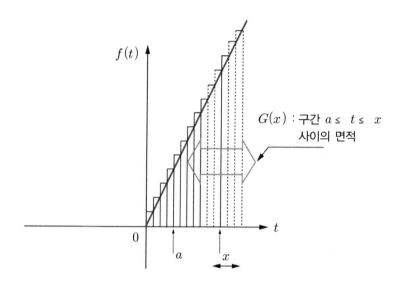

위 그림에서 $\int_a^x f(t)dt$ 연산을 생각해 보자.

이 연산은 구간 $a \leq t \leq x$ 에서의 면적을 구하는 것으로 생각할 수 있는데 앞에서
설명한 경우와 약간 다른 점은 구간의 상한이 상수가 아니라 변수 x라는 점이다.

위 그림에서 보듯이 면적은 변수 x에 따라서 증감하게 됨을 알 수 있다. 즉 면적은
말 그대로 독립변수 x의 종속변수 즉 함수인 것이다.

$$\int_a^x f(t)dt \; = \; G(x)$$

지극히 직관적인 설명이지만 더 이상 명확한 설명이 어디 있겠는가?

여기서 $F(x)$ 가 $f(x)$의 임의의 Antiderivative 라면 다음과 같이 표현될 수 있다.

$F(x) = G(x) + C$, 여기서 C 는 임의의 상수이다.

여기서 앞에서 구한 $G(x)$의 관계식을 이용하여 다음과 같이 $F(b) - F(a)$ 연산을 해보자.

$$
\begin{aligned}
F(b) - F(a) &= [G(b) + C] - [G(a) + C] \\
&= G(b) - G(a) \\
&= \int_a^b f(t)dt - \int_a^a f(t)dt \\
&= \int_a^b f(t)dt - 0 \\
&= \int_a^b f(t)dt.
\end{aligned}
$$

따라서 정적분 $\int_a^b f(t)dt$ 의 연산은 다음과 같이 할 수 있음을 알 수 있다.

1) 함수 f 의 Antiderivative F 를 구한다.

2) $\int_a^b f(t)dt = F(b) - F(a)$ 를 계산한다.

$F(b) - F(a)$ 는 $F(x)\big|_a^b$ 나 $F(x)\big|\big|_a^b$ 또는 $[F(x)]\big|_a^b$ 로 표시하기도 한다.

$\int_a^b f(x)dx$ 는 수(number) 이고 반면에 $\int f(x)dx$ 는 함수 더하기 임의의 상수라는 것을 항상 기억하도록 하자.

예제

이제 정적분의 연산을 설명하였으니 다음의 결과를 얻을 수 있다.

$f(t)$ 의 Antiderivative가 $F(t)$ 일 때

$$\int_a^x f(t)dt = F(t)\big|_a^x = F(x) - F(a) = F(x) + C$$

로 x의 함수임을 알 수 있다.

예제

다음의 부정적분, 정적분 연산결과를 구하라.

$$- \int 2x \, dx = x^2 + C,$$

$$\int_1^2 2x \, dx = x^2 \big|_1^2 = 2^2 - 1^2 = 3$$

$$- \int \cos x \, dx = \sin x + C,$$

$$\int_0^{\frac{\pi}{2}} \cos x \, dx = \sin x \big|_0^{\frac{\pi}{2}} = 1 - 0 = 1$$

위 예제에서도 보았듯이 정적분의 연산 결과는 수(Number)가 된다. 따라서 적분 구간만 동일하다면 독립변수는 어떻게 표기하더라도 정적분의 연산 결과는 같아진다. 즉,

$$\int_a^b f(x)dx = \int_a^b f(t)dt = \int_a^b f(u)du = \int_a^b f(v)dv$$

가 될 것이며 이때 사용된 별 의미 없는 독립변수 x, t, u, v 들을 Dummy Variable(불행히도 한국어로 널리 통용되는 적절한 용어를 아직 찾지 못하였으므로 일단 "꼭두각시 변수" 또는 "허수아비 변수"라고 해두자.) 이라 부른다.

(5) 중적분(重積分, Multiple Integral)

아래 그림과 같은 반경이 R인 원의 면적을 구해보자.

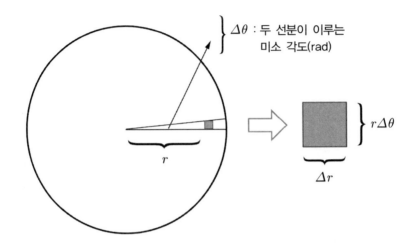

우선 $0 \leq r \leq R$ 구간을 $\triangle r = \dfrac{R-0}{n}$ 과 같이 n 등분 하고, $0 \leq \theta \leq 2\pi$ 구간을 $\triangle \theta = \dfrac{2\pi - 0}{m}$ 과 같이 m 등분 한다.

그림에서 보는 바와 같이 원의 중심에서 원주로 그어진 두 선분이 이루는 미소 각도가 $\triangle \theta$ 이고 반경 방향의 미소 길이는 $\triangle r$ 이다. 이 경우 원주 상에서 r 만큼 떨어져 위치한 임의의 미소 면적소 는 가로, 세로가 각각 $\triangle r$, $r \triangle \theta$ 인 사각형으로 생각할 수 있다.

따라서 미소 면적소의 면적은 $r \triangle r \, \triangle \theta$ 로 얻어진다.

미소 면적소를 원의 전 영역에 걸쳐서 모두 더해주면 다음과 같은 Riemann Sum을 얻는다.

$$\sum_{k=1}^{n}\sum_{l=1}^{m}r\triangle r\triangle\theta$$

이 Riemann Sum 에 대하여 $\triangle r \to 0$, $\triangle\theta \to 0$ 인 극한을 취하면 그 결과는 다음의 정적분으로 귀결되어 전체면적 S 는 다음과 같이 구해진다.

$$S = \lim_{\triangle r \to 0}\lim_{\triangle\theta \to 0}\sum_{k=1}^{n}\sum_{l=1}^{m}r\triangle r\triangle\theta$$

$$= \int_{0}^{2\pi}\int_{0}^{R}rdr\,d\theta = \int_{0}^{2\pi}\frac{1}{2}R^2 d\theta$$

$$= \frac{1}{2}R^2\int_{0}^{2\pi}d\theta = \frac{1}{2}R^2\,2\pi = \pi R^2$$

이와 같이 두 번 이상 적분연산이 반복되는 경우 중적분 (重積分, Multiple Integral)이라 하며 하나의 변수에 관하여 적분연산을 할 경우 각각의 다른 변수는 변수가 아닌 상수로 간주하고 연산을 하면 된다.

찾아보기

참고문헌

1) Thomas' Calculus, Maurice D. Weir, Joel Hass and Frank R. Giordano, 2005, Addison Wesley.

2) Advanced Engineering Mathematics, Erwin Kreyszig, John Wiley & Sons, Inc.

3) Engineering Electromagnetics, William H. Hayt, Jr., 1974, McGraw-Hill Kogakusha Ltd.

4) Electromagnetics, Arlon T. Adams, Jay Kyoon Lee, 2011, Cognella, Inc.

5) 전자기학, 남충모, 2012, 도서출판 ITC.

6) Lectures on the Electrical Properties of Materials, L. Solymar and D. Walsh, 1979, Oxford University Press.

저자소개

백인철

- 건국대학교 전자공학과 공학사
- KAIST 전기 및 전자공학부 공학석사
- KAIST 전기 및 전자공학부 공학박사

- LG전자 Digital Appliance 연구소 책임연구원
- 2003년 ~ 현재 : 경기과학기술대학교 전기공학과 교수

공학도를 위한 전기자기학

초판발행 2019년 10월 23일
개정발행 2024년 09월 27일
지은이 백인철
펴낸이 노소영
펴낸곳 도서출판 마지원
등록번호 제559-2016-000004
전화 031)855-7995
팩스 02)2602-7995
주소 서울 강서구 마곡중앙로 171

http://www.majiwon.com
http://blog.naver.com/wolsongbook

ISBN | 979-11-92534-44-2 (93560)

정가 21,000원